鄂尔多斯盆地低渗透气藏采气工艺技术

张书平 付钢旦 张振文 编著

石油工业出版社

内 容 提 要

本书以长庆油田十几年的科研攻关成果为基础，结合国内外最新研究方向和研究成果，系统总结了长庆油田实践过程中形成的适用于低渗透气藏开发五大成熟采气工程技术，力求全面、系统地展示鄂尔多斯盆地钻采工程实用技术。该书内容详尽，重点明确，对于相关低渗透气藏开发具有很好的借鉴参考价值。

本书可供从事石油工程技术的人员以及相关院校的师生学习参考。

图书在版编目（CIP）数据

鄂尔多斯盆地低渗透气藏采气工艺技术/张书平，付钢旦，张振文编著.
北京：石油工业出版社，2014.10
ISBN 978 – 7 – 5183 – 0340 – 3

Ⅰ. 鄂…
Ⅱ. ①张… ②付… ③张…
Ⅲ. 鄂尔多斯盆地 – 低渗透油气藏 – 采气 – 研究
Ⅳ. TE37

中国版本图书馆 CIP 数据核字（2014）第 189173 号

出版发行：石油工业出版社
　　　　　（北京安定门外安华里2区1号　100011）
　　　　　网　址：www.petropub.com
　　　　　编辑部：（010）64523537　　发行部：（010）64523620
经　销：全国新华书店
印　刷：北京中石油彩色印刷有限责任公司

2014年10月第1版　2014年10月第1次印刷
787×1092毫米　开本：1/16　印张：9.5
字数：240千字

定价：56.00元
（如出现印装质量问题，我社发行部负责调换）
版权所有，翻印必究

《鄂尔多斯盆地低渗透气藏采气工艺技术》编委会

主　编：张书平　付钢旦　张振文

编　委：吴革生　徐　勇　陈德见　桂　捷　白晓弘
　　　　刘双全　田　伟　樊莲莲　赵粉霞　贾友亮
　　　　肖述琴　汪雄雄　陈　勇　杨亚聪　赵彬彬
　　　　李耀德　李旭日　卫亚明　杨旭东　程小莉
　　　　崔丽春　韩强辉　惠艳妮　李　丽　王宪文
　　　　储昭奎　张宏福　张　军　张国庆

前 言

长庆油田地处鄂尔多斯盆地及周缘的断褶盆地和沉降区块。鄂尔多斯盆地天然气资源具有储层类型多、分布面积广、资源潜力雄厚、储量规模大等特点。天然气总资源量达 $10.95\times10^{12}m^3$（上古生界资源量 $8.59\times10^{12}m^3$、下古生界资源量 $2.36\times10^{12}m^3$），占全国天然气资源量的 28.2%，叠合含气面积约 $15\times10^4km^2$。目前，已探明的 10 个气田绝大多数为古生界地层的含气层系。

长庆油气区各区块低渗、低压、低丰度，非均质性强。气井生产过程中表现出单井产量低、压力下降快的特点，要想实现气田的高效开发，必须依靠技术进步与科技创新。长庆油田工程技术人员紧跟气田开发步伐，以"技术先进、工艺简单、综合考虑、整体配套、经济有效"为思路，坚持实用、经济、有效的原则，紧密围绕"降低开发成本、提高单井产量"的目标，经过十几年的科研攻关和实践探索，形成了一套适合长庆低渗透气田开发的采气工艺配套技术。

本书分为六章，主要介绍了长庆油田在气田的开发实践过程中形成的适用于低渗透气藏开发的五大成熟采气工程技术。主要内容包括鄂尔多斯盆地低渗透气藏开发特点、分压合采技术、排水采气工艺技术、井下节流技术、喷射增压开采技术和智能控制生产技术等。本书内容详尽，重点明确，对于相关低渗透气藏开发具有很好的借鉴参考价值。

本书是长庆油田从事钻采工程和采气工艺的众多技术专家多年的努力付出与智慧结晶。值此本书出版之际，特向西南石油大学刘建仪专家致以诚挚的感谢。本书同时还得到了中国石油长庆油田公司油气工艺研究院专家及科研人员的大力支持，在此一并表示感谢。

目 录

第一章 鄂尔多斯盆地低渗透气藏开发特点 ... 1
第一节 靖边气田气藏开发特点 ... 1
第二节 榆林气田气藏开发特点 ... 4
第三节 苏里格气田气藏开发特点 ... 6
参考文献 ... 9

第二章 分压合采技术 ... 10
第一节 气田多层系特点 ... 10
第二节 分压合采可行性分析 ... 13
第三节 分压合采工艺技术 ... 21
参考文献 ... 26

第三章 排水采气技术 ... 27
第一节 泡沫排水采气技术 ... 27
第二节 速度管柱排水采气技术 ... 40
第三节 柱塞气举排水采气技术 ... 54
第四节 气举排水采气技术 ... 73
第五节 排水采气新工艺 ... 85
参考文献 ... 94

第四章 井下节流技术 ... 95
第一节 井下节流技术背景 ... 95
第二节 井下节流技术原理 ... 96
第三节 井下节流器技术 ... 102
第四节 井下节流器配套技术 ... 105
第五节 井下节流技术在长庆苏里格气田的应用 ... 108
参考文献 ... 111

第五章 喷射增压开采技术 ... 112
第一节 喷射增压技术原理 ... 112
第二节 喷射器的结构及参数设计 ... 115
第三节 喷射增压技术应用模式 ... 122
参考文献 ... 132

第六章　智能控制生产技术……………………………………………………… 133
　第一节　技术背景……………………………………………………………… 133
　第二节　井口数据采集无线传输技术………………………………………… 133
　第三节　远程开关井控制技术………………………………………………… 138
参考文献…………………………………………………………………………… 144

第一章　鄂尔多斯盆地低渗透气藏开发特点

鄂尔多斯盆地横跨陕、甘、宁、蒙、晋五省区，面积 $37 \times 10^4 km^2$；北部属鄂尔多斯高原，沙漠与草原相间分布，气候干旱，水源缺乏；南部为黄土高原，沟谷纵横、山大沟深、交通不便。目前盆地发现的大气田有靖边气田、榆林气田和苏里格气田。截至 2012 年底，三大气田累计探明地质储量达 $4.7 \times 10^{12} m^3$，具备年产 $333 \times 10^8 m^3$ 天然气生产能力。气田开采层系主要为奥陶系和二叠系两大层系，气层渗透率低、地层压力系数低、非均质性强，气田开采难度大。

第一节　靖边气田气藏开发特点

靖边气田（2001 年前曾称为陕甘宁中部气田，后与榆林气田统称长庆气田，随着乌审旗、苏里格和子洲等气田的发现，于 2001 年 1 月更名为靖边气田）是长庆油气区天然气业务的发祥地和主力气田之一，也是继四川气田之后，20 世纪 80 年代后期探明的、我国陆上最大的世界级整装低渗透、低丰度、低产气田。

一、地理位置及自然环境

靖边气田位于陕西省北部与内蒙古自治区交界区，地跨陕西省靖边县、横山县、榆林市、安塞县、志丹县和内蒙古自治区乌审旗等县旗。

气田南部为黄土高原，北部和西北部为毛乌素沙漠和腾格里沙漠南缘，紧邻黄河河套地区。地面海拔 1120~1820m，为内陆性干旱至半干旱气候。夏季最高气温 36℃，冬季最低气温 -28℃，年平均气温 7.8℃，昼夜温差大，雨量较少，年平均降水量 418mm，冬春多风沙。

二、区域地质概况

1. 区域地质背景

鄂尔多斯盆地是一个南北走向的大型坳陷盆地。在大地构造位置上，它位于华北板块的西缘，盆地内沉积了自古生代以来的多套生、储、盖组合，蕴藏着丰富的油气资源。在漫长的地质构造演化过程中，它经历了太古宙—古元古代的基底形成阶段，中—新元古代的大陆裂谷发育阶段，早古生代的陆缘海盆地形成阶段，晚石炭世—中三叠世的内克拉通盆地形成阶段，晚三叠世—早白垩世的前陆盆地发育阶段以及新生代的盆地周缘断陷盆地形成阶段共 6 个大的构造演化阶段。

靖边气田位于陕北斜坡中部、中央古隆起东北侧的靖边—横山一带，北界至召 4—陕 199 井，南界到陕 108 井，东到陕 202 井一线，西接陕 53 井，走向为北北东向，是一个长近

240km，宽近130km，面积逾$3.12\times10^4km^2$的与奥陶系海相碳酸盐岩有关的风化壳型低渗、低丰度、低产大型复杂气田。

2. 气田基本地质特征

靖边气田区域构造为一宽缓的西倾斜坡，坡降一般3~10m/km。在单斜背景上发育着多排近北东向的低缓鼻隆，鼻隆幅度一般在10~20m，宽度为3~6km。勘探开发实践证实，这些低缓的鼻隆构造对天然气的聚集不起控制作用。

奥陶系分化壳侵蚀古地貌为一近南北向展布的广阔低矮的台地和宽缓浅凹的谷地组成的丘状平原。地震、钻井揭示，靖边气田发育9条深大沟槽，且树枝状支潜沟发育。沟槽及潜沟中充填有石炭系本溪组底部铝土质泥岩，在上倾方向形成遮挡，为靖边气田的成藏条件之一。综合研究表明，靖边下古生界气藏为地层—岩性圈闭气藏。

靖边气田本部孔隙度2.0%~8.3%，平均为5.47%，渗透率0.3~15.2mD，平均为3.48mD。靖边气田古潜台东孔隙度2.0%~8.0%，平均为5.3%，渗透率0.1~10mD，平均为1.81mD。主力产层是马五$_1$，其次是马五$_2$，局部地区为马五$_4$。主力气层马五$_1$以细粉晶白云岩为主，马五$_{1+2}$气藏埋藏深度为2960~3765m，各区原始地层压力在30.99~31.92MPa，平均31.42MPa。平均压力系数为0.95。压力分布总趋势是西部高、东部低，南部高、北部低，由北向南平均值依次变小。平均地层温度107℃，温度梯度为2.94℃/100m。

天然气组分和物理性质稳定，马五$_1$气藏相对密度为0.589~0.631，全区平均为0.610。甲烷含量为93.23%~94.89%，平均为93.89%，属干气气藏。H_2S含量最高为31.2g/m^3，平均为691.1mg/m^3；CO_2最高含量为9.05%，平均为5.14%。

地层水属$CaCl_2$水型，总矿化度分布范围一般介于24.7~115.2g/L，平均为50.27g/L，pH值一般介于4.7~5.8，平均为5.3。

三、气田开发历程及现状

靖边气田开发主要经历了4个阶段，即1991—1996年的综合评价及开发试验阶段、1997—1998年探井试采阶段、1999—2003年规模开发阶段以及2003至今稳产阶段。

1. 综合评价和开发试验阶段（1991—1996年）

该阶段主要进行了储量评价、气井产能评价、干扰试井、气藏工程研究、开发可行性研究、陕81井组开发先导性试验等大量工作。加深了气田地质和动态特征的认识，为气田高效开发奠定了基础。

2. 探井试采阶段（1997—1998年）

1997年，在陕京、靖西输气管线的支持下进行探井试采，建成$12\times10^8m^3/a$的生产能力。同时通过较大规模、较长时间的探井试采，并在地质综合研究、地震横向预测、井间连通性分析及气井动态特征研究的基础上，初步形成了具有长庆特色的气田优化布井技术。

3. 规模开发阶段（1999—2003年）

随着下游用户用气量的增加，1999以来靖边气田进入了规模开发阶段。截至2003年底，累计建井371口，建产能$62.3\times10^8m^3/a$。实际建井354口，建产能$60.97\times10^8m^3/a$。目前核实产能$54.25\times10^8m^3/a$，平均单井配产$4.81\times10^4m^3/d$。

在气田进入规模开发阶段以后，随着开发井的钻探，开发资料显示原来计算的基本探明储量表现出一定的增长潜力。2000年对开发程度较高的中区、南一区、北一区及陕24井区进行储量复算，4个区块复算后天然气探明地质储量为（Ⅰ类）$1950.44 \times 10^8 m^3$，较复算前增加了 $525.03 \times 10^8 m^3$。同时，在上古生界二叠系下石盒子组盒$_8$、山西组山$_1$等多层段也钻遇气层。2002年根据气层分布和试气情况，在气田中北部的G01-9、G7-11、陕159及陕18四井区的盒$_8$及山$_1$气藏新增上古生界天然气基本探明地质储量（Ⅲ类）$506.55 \times 10^8 m^3$。

截至2003年底，靖边气田已发现下古生界马五$_{1+2}$和马五$_4$，以及上古生界盒$_8$、山$_1$和山$_2$等多套含气层段，靖边气田下古生界动用含气面积 $3719.6 km^2$，动用地质储量 $2646 \times 10^8 m^3$，动用程度 92.17%；上古生界动用地质储量 $197 \times 10^8 m^3$，动用含气面积 $203 km^2$，动用程度 38.89%。

4. 稳产阶段（2004—2012年）

2004年靖边气田步入稳产阶段，$55 \times 10^8 m^3/a$ 规模预计可稳产至2020年。截至2012年底靖边气田、苏东南区总计三级地质储量 $8577.07 \times 10^8 m^3$。

四、气田开发特点

1. 集气模式

1993年，在四川石油管理局的协助下，长庆油田开辟陕81井组作为向榆林供气的试验井组，开展高压集气、集中注醇、多井加热、轮换计量、固体干法脱硫、膜法脱水、自动化控制、管道防腐等多项工艺试验。在试验的基础上，进一步优化完善，形成继四川气田"单井中压集气"之后我国第二套气田集气工艺，即"多井高压集气"流程，为靖边气田的有效、规模化开发提供了配套的地面工艺技术。

在靖边气田开发过程中，通过不断改进和完善，从"集气半径、净化工艺、集输管网、管材选择"等方面优化，形成以"高压集气，集中注醇，多井加热，间歇计量，小站脱水，集中净化"为技术核心的靖边气田地面建设模式，简称为"靖边模式"。

2. 气井生产特点

1997—2003年气田开始全面评价建产和规模开发，投产井数、年产气量逐年增高，单井产量稳定在 $5.0 \times 10^4 m^3/d$，2003年后气田建成 $55 \times 10^8 m^3/a$ 生产规模，气田日产气量保持在 $1700 \times 10^4 m^3$ 左右，2005年后潜台东侧投入开发，靖边气田本部实施保护性开采，采气速度、单井产量降低，地层压力下降变缓，近几年年压降保持在 0.8MPa 左右。

截至2012年底，靖边气田投产718口井，下古生界投产气井615口（气田本部456口，潜台东侧130口，乌审旗区29口），上古生界投产103口；全气田年产气 $54.5280 \times 10^8 m^3$，年产水 $14.363 \times 10^4 m^3$，采气速度 1.25%（可采储量采气速度 2.28%），历年产气 $606.7410 \times 10^8 m^3$，历年产水 $142.492 \times 10^4 m^3$，采出程度 10.61%（可采储量采出程度 25.41%）。

下古生界井配产 $1301.3 \times 10^4 m^3/d$，井均配产 $3.0 \times 10^4 m^3/d$，日产气 $948.5357 \times 10^4 m^3$，井均日产气 $2.2110 \times 10^4 m^3$，平均油压、套压为 7.52MPa 和 9.11MPa，井均累计产气 $1.1736 \times 10^8 m^3$。其中Ⅰ类、Ⅱ类气井占总井数的 83.22%，产气贡献率占 96.63%；Ⅲ类气井占总井数的 16.78%，产气贡献率占 3.37%。

第二节 榆林气田气藏开发特点

榆林气田于1995年发现，气田位于鄂尔多斯盆地伊陕斜坡构造带上，根据地理位置划分为长北合作区和榆林南区两个区块，主要含气层为下二叠统山西组山$_2$段，次要含气层为中二叠统下石盒子组盒$_8$段和下奥陶统马家沟组马五段。

一、地理位置及自然环境

榆林气田位于陕西省榆林市和内蒙古自治区境内，勘探范围北起内蒙古南部阿拉泊，南至塔湾，西邻靖边县，东抵双山；南北长104km，东西宽82km，面积8500km^2。

榆林气田地处黄土高原，地势东北高、西南低，地表条件差异较大。以无定河为界线，北部为毛乌素沙漠，南部为黄土塬地貌，地面海拔在950~1400m。

榆林气田所属区域为暖温带和温带半干旱大陆性季风气候，四季分明，昼夜温差大，无霜期短，年平均气温10℃，气候干旱，年降水量438mm，多集中在7月、8月和9月三个月；气象灾害较多，3月、4月和10月、11月常有5~6级大风，时伴有沙尘暴；不同程度的干旱、霜冻、暴雨、大风、冰雹等灾害时有发生。

二、区域地质概况

1. 区域地质背景

榆林气田所在的鄂尔多斯盆地，是我国第二大沉积盆地，是一个上古生界、下古生界大型克拉通叠合盆地。盆地西缘是中国东部环太平洋构造域与西部古特提斯构造域的结合部；盆地南缘则位于华北华南两大地质单元的交接线附近；西南缘以深大断裂为界与祁连褶皱系和秦岭褶皱系紧密相连；盆地西北缘与阿拉善地块相邻，北部与内蒙地轴呈岛弧状相接。

根据基底性质及盖层构造特点，将鄂尔多斯盆地划分为6个次级构造单元，即伊盟隆起、渭北隆起、天环向斜、伊陕斜坡、西缘逆冲带及晋西挠褶带。

2. 气藏地质特征

榆林气田构造位于伊陕斜坡的东北部，构造形态表现为宽缓的西倾单斜，坡降一般为6m/km。基底主体为太古宇和古元古界变质岩系，沉积盖层呈现古生界碳酸盐岩、膏盐岩，上古生界海陆过渡相煤系以及中新生界内陆碎屑岩三层沉积构造特征。

榆林气田的主要含气层为下二叠统山西组山$_2$段，次要含气层为中二叠统下石盒子组盒$_8$段和奥陶系下统马家沟组。根据岩心分析结果，结合试气、试采、相渗曲线及毛细管压力等特征，该气田为低孔、中低渗气藏。驱动类型属于定容弹性驱动气藏。

榆林气田甲烷体积含量在94%左右，非烃类气体（N_2，CO_2，H_2S）含量低，平均为2.085%，H_2S平均含量为5.3mg/m^3，属于微含硫级别，CO_2含量在1.7%左右，微含凝析油，天然气组分平面分布比较稳定，天然气品质优良。气藏Cl$^-$含量在几十毫克每升至几万毫克每升，平均为2267mg/L，总矿化度平均为4328mg/L，不属于地层水的范围，且水气比稳定在0.082m^3/10^{4}m^{3}左右，属于凝析水。

榆林气田主力气层为山$_2$段，2000余块岩心分析渗透率分布在0.01~10mD，平均8.865mD；孔隙度分布范围2%~12%，平均6.2%；储集空间以残余粒间孔为主，其次为高岭石晶间孔，溶孔不发育。气藏埋藏深度为2650~3100m，地层压力范围在22.93~28.87MPa，平均为26.71MPa，压力系数为0.78~1.03，平均为0.94。山$_2$段平均地层温度86.0℃，地温梯度为2.99℃/100m。

三、气田开发历程及现状

自1996年在陕141井上古生界山西组山$_2$砂层试气获得井口产能19.4981×10^{4}m^3/d（气井绝对无阻流量76.78×10^{4}m^3/d）后，榆林气田上古生界砂岩气藏开发大致经历了勘探评价、长北合作区试生产、榆林气田南区规模开发3个阶段。

1. 勘探评价阶段（1995—2003年）

榆林区天然气勘探坚持地震先行，地震、钻井、地质、测井和测试紧密结合，采用多种方法进行砂岩储层预测，钻井钻探成功率达85%以上。1996年至1997年底，在长北合作区共部署了二维地震测线3014km；完钻探井20口，完试气井19口。1997年8月8日至1997年10月19日，对陕117井进行了4个工作制度的修正等时试井；2000年至2003年，共在榆林南区部署实施开发地震测线1190km，提供开发井位100多口；2003年3月至2003年6月，对榆20井进行了修正等时试井。通过8年多的勘探评价，逐步认识到榆林气田山$_2$气藏具有砂体厚度大、横向上分布稳定、主力气层突出、渗透性好、单井产能高及气井稳产好等特点。

2. 长北合作区试生产阶段（1999—2001年）

1999年，榆林气田长北区块签订天然气开发和生产合同，翻开了长庆低渗气田国际合作开发的新一页。长北合作区利用探井7口，新建9口生产井，共建生产井16口，采用靖边气田地面建设模式，采用橇装三甘醇脱水常温分离工艺流程，建集气站4座，集配气总站1座，形成3×10^{8}m^3/a的试生产能力。

3. 榆林气田南区规模开发阶段（2001—2005年）

2000年，随着长庆气田的开发加速，榆林气田勘探部署向南部区域陕215井区推进，先后钻探陕215井和陕217井，压裂试气获得15×10^{4}m^{3}以上的工业气流，至此榆林气田整体上划分为长北合作区和榆林南区两个区域，实施规模开发。2001年至2005年，榆林气田南区共投入开发陕141、陕211、陕20、陕215、榆37、统3和台3等7个区块，发现了本溪组、太原组、石盒子组以及马家沟组等多套含气层系，累计建产能20.1×10^{8}m^3/a。

四、气田开发特点

1. 集气模式

榆林气田南区于2001年开始试采，经过5年时间的滚动开发，到2005年底，榆林气田南区建成20×10^{8}m^3/a的天然气生产能力。

榆林气田的自身特点决定不能简单地照搬"靖边模式"，必须在"靖边模式"的基础上探索和突破。榆林气田主力开发层位是山西组，井深约2650~3050m。微含硫，CO_2含量在

1.7%左右，含有少量凝析油，平均单井日产量$5×10^4m^3$。根据榆林气田天然气中H_2S和CO_2含量低、微含凝析油的特点，采用适当控制节流温度的低温分离工艺，实现对烃和水露点的同时控制，形成以"节流制冷、低温分离、高效聚结、精细控制"为主体的集气工艺技术。为开发低产、低渗、低含凝析油的气田提供了新的模式，工艺水平达到了国内领先，成为长庆气区上古生界气藏成功开发的典范。

2. 生产特点

榆林气田属于低孔、低—中渗、低产为主的气藏，非均质性较强，且为多层系；以山$_2$气藏为主，马五气藏次之，局部有石盒子组、山$_1$、本溪组等储层。主力产气层为二叠系山西组山$_2$层，天然气气质优良，低含凝析油。

截至2012年底，榆林南区生产气井172口，水气比为$0.1021m^3/10^4m^3$，单井平均日产水$0.4m^3$，日产液大于$1m^3$的气井共计25口。

榆林南区富水区块为陕209井区，区域有17井，日产水$1.025m^3$，平均水质矿化度为36587.32mg/L，目前主要采取控水采气措施，延长气井无水采气期，推迟气井见水时间。

榆林气田水质均呈现$CaCl_2$水型，Cl^-含量在26.94~123107.6mg/L，平均为10655.54mg/L；矿化度为358.5~98452.3mg/L，总矿化度平均为19244.87mg/L。

第三节 苏里格气田气藏开发特点

苏里格气田于2000年发现，勘探初期称为"长庆气田苏里格庙区"。2001年1月更名为"苏里格气田"，同年投入试采。

苏里格气田系鄂尔多斯盆地复杂岩性气藏，主力产气层为下二叠统山西组山$_1$段至中二叠统下石盒子组盒$_8$段，埋藏深度约3200~3500m左右，厚度约80~100m，为砂泥岩地层。是一个低压、低渗透、低丰度，以河流砂体为主体储层的大面积分布的岩性气藏。

一、地理位置及自然环境

苏里格气田行政区划属内蒙古自治区鄂尔多斯市，西起鄂托克前旗，东至乌审旗，南到陕西省的定边县，北抵鄂托克后旗。勘探面积约$20000km^2$。苏里格气田是目前中国陆上发现的一个特大型气田。

苏里格气田地处鄂尔多斯盆地西北部。气田北部地表为沙漠、碱滩和草原区，海拔1200~1350m，地表地形相对高差20m左右，地势相对平坦；南部为黄土塬地貌，海拔1100~1400m，由于长期被风沙雨雪侵蚀，沟壑纵横、梁峁交错，地形地貌复杂。

苏里格地区为大陆性半干旱季风气候，夏季炎热、冬季严寒；昼夜温差大，无霜期短；冬春两季多风沙；降水量小、蒸发量大，气候干燥。冬季气温-20~10℃，最低气温-38℃；夏季气温15~25℃，最高气温36℃。

二、区域地质概况

苏里格气田位于鄂尔多斯盆地伊陕斜坡西北侧，构造形态为一由北东向西南倾斜的单斜，坡降大致为3~10m/km。气田区内发育多个北东向的鼻状构造，宽度为5~8km，长度为 10~35km，起伏幅度 10~25m。苏里格气田气藏分布受构造影响不明显，主要受砂岩的横向展布和储集物性变化所控制，属于砂岩岩性气藏。

苏里格气田储层辫状河和曲流河沉积发育，砂体内部结构存在差异，表现为纵向上多期叠置、横向上复合连片，形成宽条带状或大面积连片分布的复合砂体。沉积多呈北东、北西或南北向的透镜状或条带状分布。而且有效砂体分布具有很强的非均质性，分布局限，连续性和连通性都差。

苏里格气田主力气层盒$_8$砂层厚度 15~45m，平均有效厚度 8.2m，气藏深度 3170.2~3592.3m。据 71 口取心井气层段岩心分析统计：盒$_8$气层孔隙度 5%~12%，平均 8.95%；渗透率 0.06~2mD，平均 0.73mD；山$_1$气层孔隙度 5%~11%，平均 8.5%；渗透率 0.06~1.0mD，平均 0.589mD；属低孔、低渗型气藏。气藏压力 27.6~32.6MPa，压力系数 0.771~0.914，平均 0.87，属于正常压力系统。地温梯度 3.06℃/100m，气层段温度 100~115℃。

苏里格气田天然气组分中甲烷平均含量为 92.5%，乙烷平均含量 4.525%，CO_2平均含量为 0.843%，不含或微含 H_2S，气体相对密度为 0.6037，凝析油含量 2~5g/m^3。

三、气田开发历程及现状

从 2001 年开发早期介入，2002 年苏 6 井区先导性开发试验区投入试采，苏里格气田正式开发，经历了 3 个阶段。

1. 开发前期评价阶段（2001—2005 年）

苏里格气田发现后，长庆油田根据对气田的认识和工作部署，在该阶段开展了大量前期开发评价工作，认识到苏里格气田是低渗、低压、低丰度的"三低"气田，提出了面对现实、依靠科技、创新机制、简化开采、走低成本开发路子的基本指导思想，解决了苏里格气田的认识问题。

从气田发现到 2001 年底，勘探初期连续 5 口井获得高产，表现出苏里格气田大面积分布、气藏物性好、储量大。长庆油田分公司决定在加快整体勘探的同时及早开发介入。2001 年部署实施评价井 4 口，仅 1 口井（苏 40-16 井）获得工业气流，气层有效厚度最大 12.9m，最小 4.7m，平均 9.2m，气田表现出强烈的非均质性。

2002 年，长庆油田提出加强储层预测，研究有效砂体分布和走向，以提高单井产量和稳产能力为目的，开展水平井和大型压裂等开发试验。同时，围绕着寻找高产富集区，大幅度提高单井产量，以高产井实现效益开发的思路，加强储层预测技术研究，提高气井的钻井成功率；运用水平井技术开发，提高单井控制储量；采用大型压裂技术，沟通多个有效砂体，提高单井产量和稳产能力。

经过前两年的开发评价，进一步认识了苏里格气田地质情况的复杂性。从 2003 年开始，面对气田大面积、低渗、低产的现实，长庆油田分公司首先加强地质解剖和地震的攻关研究；其次强化钻井、压裂等工艺技术攻关；同时，简化地面工艺流程，降低工程造价和开发成本，走低成本开发的路子。

2. 气田合作开发初期（2005—2006 年）

在前期评价的基础上，引入市场机制合作开发，创建了苏里格气田"5+1"合作开发新模式，解决了苏里格气田大规模开发的问题；2005 年 6 月，长庆油田分公司组织召开苏里格气田开发技术交流会，同时邀请中国石油天然气集团公司未上市企业合作开发苏里格气田。同年年底，长庆油田分公司遵循"互利双赢、共同发展、管理简单、运行高效、技术创新、成果共享"的原则，引入长庆石油勘探局、辽河石油勘探局、四川石油管理局、大港油田集团、华北石油管理局等5个单位合作开发苏里格气田的7个区块，并与各合作方签订"苏里格气田合作开发标准合同"，拉开了苏里格气田合作开发的序幕。

3. 气田规模开发阶段（2007年至今）

重点解决如何提高开发水平和效益的问题，努力建设现代化的苏里格大气田。截至2012年底，建成产能$210\times10^8 m^3/a$。平均单井产量$1.1\times10^4 m^3/d$。

四、苏里格气田开发特点

1. 集气模式

苏里格气田含气面积大，但由于储层致密，非均质性强，有效储层识别难度大，属于典型的"低渗、低压、低丰度"的砂岩岩性气藏，既不同于国外的低渗透气田（如美国的圣胡安盆地气田），也不同于国内的低渗透气田。对于苏里格气田的开发建设，国内外都没有可供参考的模式。长庆技术人员不断探索，先后经历了4个试验阶段摸索探索，形成了独具特色的苏里格气田集气工艺模式。

（1）先导性试验摸清苏里格气田气井生产特点。苏里格气田属于上古生界气藏，截至2001年底，多数探井只进行过几十小时的测试（试气）。为了加强地质气藏认识，2002年选取苏6井区开展先导性试验。初期借鉴榆林气田的地面工艺技术，开展"高压集气、集中注醇、节流制冷、低温分离"工艺试验，集气站采用J-T效应节流制冷、低温分离脱水脱油。在该区块建两座集气站和一座集配气总站，在集配气总站规划集中的污水处理、甲醇回收和凝析油处理装置。

通过试验发现，苏里格气田井口压力下降快，短期生产后压力难以满足外输要求，高压集气、节流制冷的低温分离工艺不适应苏里格气田的开发，存在单井产量低、产水量高、气井携液能力差、井口温度低、集气过程易发生冰堵、注醇量大、生产运行成本较高等问题。

（2）有针对性地开展科研攻关及评价试验。2003年，长庆油田为寻求适合苏里格气田有效开发的工艺技术，在苏6井区开展相关科研攻关及现场试验。通过试验发现，井口加热节流、中低压集气工艺降低了采气管线设计压力等级，减少了管材耗量，降低了工程投资，对苏里格气田气井压力变化的适应能力强；丛式井有利于简化地面集气工艺；加热保温简化了原水合物抑制工艺，降低了地面工程投资，大大减少运行成本；"大面积换热、小压差节流制冷工艺"与氨制冷低温脱水、脱油工艺比较，小压差工艺可大大降低运行费；智能旋进流量计可以满足井口气井计量要求。

（3）集输工艺初步形成。2004年，随着地质认识的不断深入，长庆油田明确地面集输系统采用"集气站和天然气处理厂二级增压外输，集气系统湿气输送、天然气处理厂集中脱水脱油"的技术思路。提出"井口加热、低压集气、井间串接、带液计量、湿气输送、二级增压、集中净化"的集输总流程。

（4）破解难题，创建苏里格气田开发建设模式。针对苏里格气田开发难题，2005年，长庆油田决定在苏14区块重大开发试验区开展了"井下节流、井口不加热、不注醇、采气管线不保温、井间串接、井口湿气计量、井口紧急截断阀超压保护、集气站常温分离及增压"等地面集气工艺相关试验,进一步验证该工艺的可靠性,为合作开发的全面开展奠定基础。

苏里格气田地面建设主体工艺的形成,是地下地面有机结合、互相适应的过程,是探索试验、重点突破、完善配套、不断优化的过程。经过不断努力,逐步形成独具特色的低渗透气田开发的新模式——苏里格模式,继"四川气田中压集气"、"靖边气田高压集气"之后,创建了我国天然气开发的第三种集气流程,即"中低压集气流程"。

自规模开发建设以来,苏里格气田创建了"六统一"、"三共享"、"一集中"和"5+1"独具特色的合作开发模式,探索出以"井下节流,井口紧急截断阀保护,井口不加热、不注醇,管线不保温,中压集气、带液计量,井间串接,常温分离,二级增压、集中处理"为主要内容的地面工艺模式,开发了以具有完全自主知识产权的"数据自动采集、方案自动生成、运行自动控制、异常自动报警、单井电子巡井、资料安全共享"为主要内容的气田数字化生产管理系统,形成了苏里格气田"科技、绿色、和谐"的现代化大气田建设模式,既加快了气田开发建设的进程,又提高了气田的开发效益和生产管理水平。

2. 气井生产特点

2012 年苏里格气田生产天然气 $169.27 \times 10^8 m^3$,占长庆气区天然气年产气量的 58.31%。

截至 2012 年底,苏里格气田投产气井 5700 多口,平均井口套压 10.38MPa,平均单井产量 $1.10 \times 10^4 m^3/d$,平均水气比 $0.3 m^3/10^4 m^3$。日产量小于 $0.5 \times 10^4 m^3$ 的气井 3077 口,占气田投产井数的 53.6%,气井普遍具有低压、低产、小水量特征,携液能力差。

截至 2012 年底,苏里格气田积液气井 2641 口,占投产总井数的 39.4%,日影响产量约 $300 \times 10^4 m^3$,成为影响气井产能发挥的主要因素,排水采气形势严峻。全气田共开展各类排水采气 2330 口井/4.36 万井次,累计增产气量 $4.86 \times 10^8 m^3$,其中苏里格气田增产 $3.06 \times 10^8 m^3$,成效显著。排水采气技术已成为低产气井稳定生产、增产挖潜的重要措施。

参 考 文 献

[1]　李安琪. 苏里格气田开发论[M]. 北京:石油工业出版社,2008.
[2]　《中国油气田开发志》编委会. 中国油气田开发志[M]. 北京:石油工业出版社,2011.
[3]　李天才,徐黎明. 鄂尔多斯盆地榆林气田开发模式[M]. 北京:石油工业出版社,2010.

第二章 分压合采技术

长庆气田是典型的致密砂岩气藏,此类气藏必须经过压裂改造才能有效开发,压裂技术是提高单井产量的主要手段。气藏具备多层系的特征,储隔层分析认为储层具备分层压裂的遮挡条件;压力系统分析、压后测试发现,储层具备合采的条件。近年来,国外在非常规气藏中普遍采用分层合采技术,扩大裂缝泄流体积,增产效果显著。在紧密跟踪国外致密气藏开发的先进技术的基础上,结合气田自身储层特点,不断解放思想,积极开展工艺试验,分压合采技术水平不断取得新的进展,有力保证了气田的高效开发。

第一节 气田多层系特点

长庆气区靖边气田、榆林气田以及苏里格气田发育着多套含气层碳系,具有一井多层的特征。主要包括奥陶系马家沟组,二叠系山西组和石盒子组,以及石炭系,太原组和本溪组,各含气层系储层地质情况非常复杂,层间物性差异大,非均质性强,储层具有低渗、低压、低产、低丰度等特点。

一、靖边气田多层系特点

1. 主力层开发现状

随着靖边气田产建工作持续深入的开展,气田地质情况日益复杂,改造难度逐年增大,主要表现在普通酸酸压工艺和稠化酸酸压工艺改造后,试气产量逐年呈现递减趋势。图2-1是靖边气田下古生界马家沟储层历年低产井比例统计情况。

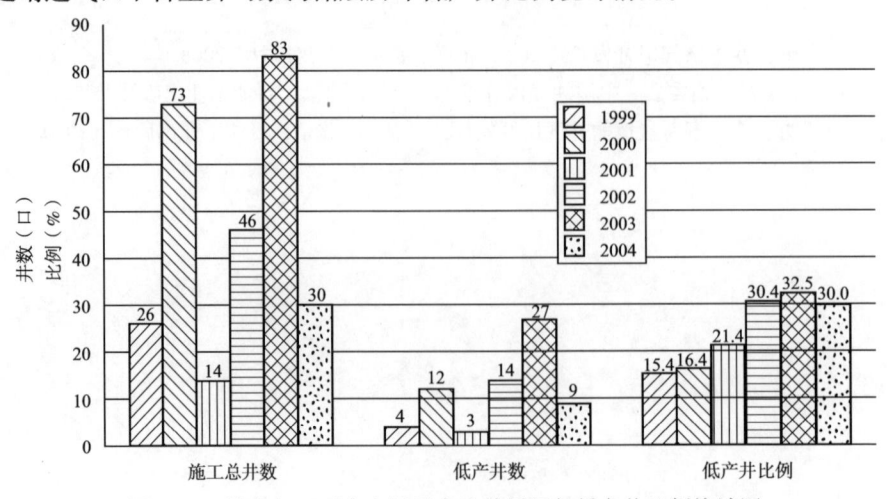

图2-1 靖边气田下古生界马家沟储层历年低产井比例统计图

造成单井平均试气产量降低的主要原因在于低产井比例逐年升高,1999年酸化26井次,4口井未达到工业气流;2000年酸化73井次,12口井未达到工业气流;2001年酸化14井次,3口井未达到工业气流;2002年酸化46井次,14井次未达到工业气流;2003酸化83井次,27口井未达到工艺气流。在未达到工业气流井中,尽管部分井是由于主力层马五$_1^3$缺失,但是大部分井因为储层致密,增产潜力有限,使得在现有的储层改造工艺条件下达不到工业气流。

2. 上古生界砂岩非主力储层地质概况

靖边气田上古生界主要包括二叠系的石盒子组和山西组以及石炭系的本溪组和太原组4套含气层系,靖边气田上古生界砂层分布面积广,但物性、含气性差,目前尚未发现大的富集区块,其中以石盒子组盒$_8$气层与山西组气层分布相对较为广泛,但物性、含气性差,储集砂体为河道沉积,砂体纵向上相互切割叠置,夹层发育,连续性差,平面上呈透镜状、条带状分布,横向砂体变化大,连通性差,非均质性强。靖边气田非主力层统计数据见图2-2。

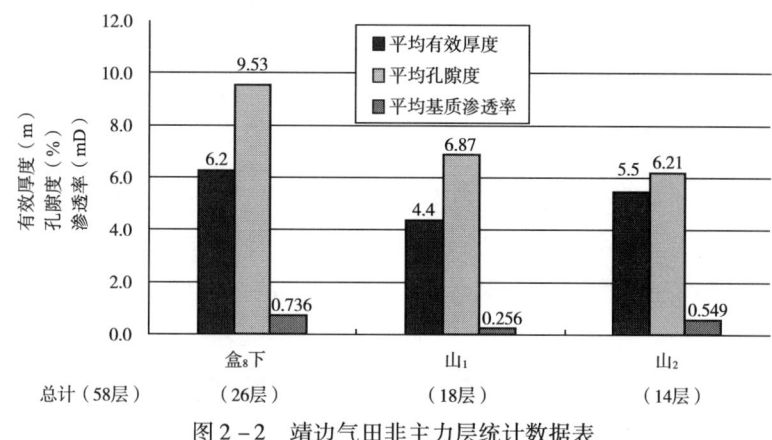

图2-2 靖边气田非主力层统计数据表

统计86口井,46口井上古生界解释气层,占总井数的53.4%,其中以盒$_8$下、山$_1$和山$_2$层为主。

针对靖边气田下古生界马家沟储层逐年提高的低产井比例,主要技术思路有两条:首先是积极开展新储层改造、新工艺试验,提高马家沟储层产量,核心技术包括变黏酸酸压工艺、前置液酸压工艺以及下古生界碳酸盐岩加砂压裂工艺;其次是针对靖边气田上古生界发育多套含气层系,通过分层压裂工艺动用多套含气层系达到提高单井产能的目的。

二、榆林气田多层系特点

1. 主力层开发现状

榆林气田从2001年投入规模开发以来,低产井比例逐年增多,2002年上古生界主力层山西组压裂13井次,仅有1口井未达到工业气流标准;2003年山西组压裂改造32井次,有9口井未达到工业气流标准,低产井比例达到28.1%;2004年山西组压裂改造40井次,14

口井未达到工业气流标准，低产井比例达到35.0%。大部分井因为储层有效厚度相对较薄，使得在现有的工艺条件下，改造效果不理想。

2. 非主力层储层地质概况

榆林气田非主力层主要以下古生界马家沟组为主，其次为上古生界盒$_8$、本溪组等砂岩储层。榆林气田下古生界马家沟组开发较晚，自2003年榆42-5井下古生界马家沟组发现较好含气显示以来，该区部分区块实施上古生界与下古生界兼探，并取得了较好的效果，2003~2004年期间先后30余口井钻遇下古生界马五$_1^3$气层，其中有15口井进行了下古生界马家沟组气层压裂酸化改造，但榆林气田下古生界试气产量相对较低，2003年实施酸化压裂10口井，仅1口井达到工业气流标准（榆49-3井无阻流量为13.5331×$10^4 m^3/d$）。在对该地区地质情况有了更深入认识的基础上，2004年改进和完善了酸液配方，完善了酸压改造工艺，气田西部下古生界储层改造获得了一定突破，实施酸化压裂改造的6口井中3口井取得了较好的改造效果，其中榆43-1、榆41-3和榆43-0分别获得了无阻流量10.7288×$10^4 m^3/d$，7.6291×$10^4 m^3/d$和11.3718×$10^4 m^3/d$的较好效果。这表明榆林气田下古生界马家沟组储层仍具有一定的增产潜力，可一定程度上弥补榆林气田产能建设的不足。

三、苏里格气田多层系特点

苏里格气田上古生界气藏的沉积环境主要是由辫状河和曲流河构成的，故其主分流河道呈东西横向迁移交叉复合现象较为频繁，因此，上述沉积环境导致形成的单砂体在层段上的分布变化很大，砂体较小而且分散。根据岩心观察以及测井解释，盒$_8$上—山$_1$段可划分出9个单砂体层（表2-1）。

表2-1 苏里格盒$_8$、山$_1$小层统计表

地层	砂组	小层	平均砂层厚度（m）	平均地层厚度（m）	砂/地
二叠系	盒$_8$上	1	4.83	24.94	0.43
		2	5.97		
	盒$_8$下	3	6.78	31.49	0.50
		4	3.62		
		5	2.8		
		6	2.46		
	山$_1$	1	3.36	32.59	0.38
		2	4.23		
		3	4.7		

对苏里格气田前期87口井中分布的各小薄层统计（表2-2）表明，多层井72口，占总井数的82.8%，可以分压的多层井38口井，占总井数的比例43.7%，占多层井数的52.8%。

表 2-2 苏里格气田一井多层统计数据表

小层数（层）	井数（口）	占分比（%）
1	15	17.2
2	25	28.8
3	25	28.8
4	15	17.2
5	5	5.8
6	1	1.1
7	1	1.1
合计	87	100.0

第二节　分压合采可行性分析

一、分层改造可行性研究

1. 靖边气田储隔层特征

为了分析不同改造方式对裂缝长度的影响，对比研究了合压与分压两种工艺条件下裂缝长度的特征。研究表明，若实施合压，即使加砂 $80m^3$，最长的缝长才 140m，另一条缝的长度为 60m；而若实施分层压裂改造，加砂 $45m^3$（上层 $20m^3$，下层 $25m^3$），就可以使上下两层都达到 150m 左右的缝长。所以，实施分压改造，不仅可以减少多缝效应，同时通过优化射孔，可以使压开层位的支撑缝长分布均衡（都达到 150m 左右），从而提高单井产量。

针对分层压裂在确定了两个或两个以上具有增潜力的气层以后，层间距、层间地应力差、储层与隔层地应力差等地质因素成为影响气层分层压裂工艺成功的重要因素。为此针对靖边气田上古生界石盒子组盒$_8$气层、山西组气层以及下古生界马家沟组气层分层压裂地质特征展开研究。

（1）下古生界马家沟组与上古生界山西组储隔层特征。

靖边气田下古生界马家沟组储层与上古生界山西组储层层间距统计资料（表 2-3）表明，山西组与马家沟组气层层间距在 56.3~162.4m，平均 108.8m，层间距相对较大，不会对山西组与马家沟组的分层压裂改造施工造成影响。

（2）上古生界山西组与石盒子组储隔层特征。

根据靖边气田上古生界石盒子组盒$_8$储层与上古生界山西组储层层间距，统计资料表明，常规山西组与马家沟组气层层间距在 23.2~88.8m，平均 51.3m，层间距相对较大，不会对山西组与马家沟组的分层压裂改造施工造成影响。但根据统计资料，部分井山西组山$_1$气层与盒$_8$气层层间距离相对较小，比如 G35-13 井石盒子组盒$_8$气层（3291.8m）与山西组山$_1$（3301.0m）气层层间距仅有 9.2m，对分层压裂改造造成一定影响。表 2-3 和表 2-4 分别为山西组与马家沟组气层间距，以及山西组与石盒子组气层间距统计情况。

表2-3 靖边气田上古生界山西组与下古生界马家沟组气层间距统计表

序号	井号	山西组气层中深（m）	马家沟组气层中深（m）	山西组/马家沟组气层跨度（m）
1	G3-10	3070.4	3222.1	151.7
2	G06-21	2985.8	3104.1	118.3
3	G8-16	2995.0	3094.6	99.6
4	G9-17	2900.6	3063.0	162.4
5	G010-12	3083.4	3190.4	107.0
6	G11-1	3280.8	3348.8	68.0
7	G13-3	3198.3	3310.5	112.2
8	G14-5A	3223.4	3311.9	88.5
9	G20-14	3220.3	3314.1	93.8
10	G25-10	3286.0	3407.0	121.0
11	G31-18	3275.7	3355.1	79.1
12	G33-11	3357.6	3413.9	56.3
13	G36-20	3251.2	3328.7	77.5
14	G46-9	3529.0	3670.0	141.0
15	G47-17	3361.3	3498.6	137.3
16	G54-13	3424.2	3554.6	130.4
17	G56-15	3453.4	3559.3	105.9

表2-4 靖边气田上古生界山西组与石盒子组气层间距统计表

序号	井号	石盒子组气层中深（m）	山西组气层中深（m）	盒8/山西组气层跨度（m）
1	G3-10	3044.4	3067.6	23.2
2	G06-21	2923.6	2962.9	39.3
3	G9-17	2863.6	2897.3	33.7
4	G11-1	3199.0	3280.6	81.6
5	G13-3	3145.3	3198.3	53.0
6	G20-14	3137.1	3173.0	35.9
7	G24-5	3320.4	3363.5	43.1
8	G31-18	3179.9	3257.6	77.7
9	G32-20	3190.5	3234.8	44.3
10	G46-9	3439.9	3528.7	88.8
11	G47-17	3304.9	3331.0	26.1
12	G56-15	3321.6	3390.4	68.8

2. 榆林气田储隔层特征

自 2003 年榆 42-5 井下古生界马家沟组发现较好含气显示以来,榆林气田统 3 井区、陕 151—陕 152 井区以及榆 37 井区实施上古生界和下古生界兼探,下古生界马家沟组气层相对较为稳定,显示了较好的增产潜力。据统计,榆林气田 20 口井上古生界主力层山$_2$和下古生界马家沟组两个含气层段,山西组气层埋深一般在 2736.0~3058.0m,气层相对较为集中;下古生界马家沟组气层埋深 2904.0~3152.0m,其层间间隔在 88.0~143.0m,平均气层间隔 100.0m。由于两层之间层间距相对较大,上古生界山$_2$与下古生界马家沟组在分层压裂改造过程中存在层间窜的可能性。

根据统计,榆林气田其他含系层系自上而下为盒$_8$、山$_1$、山$_2$、太原组、本溪组以及马五,各含气层系的间距为:盒$_8$与山$_1$储层间距 50~80m,山$_1$与山$_2$储层间距 40~60m,山$_2$与太原组储层间距 30~50m,太原组与本溪组储层间距 30~50m,本溪组与下古生界马家沟组储层间距相对较小,一般在 10~30m。统计资料表明,榆林气田各含气层系间距相对较大,不会对分层压裂改造施工造成影响。表 2-5 为榆林气田山$_2$与马家沟组气层间距统计情况。

表 2-5 榆林气田上古生界山$_2$与下古生界马家沟组气层间距统计表

序号	井号	山$_2$气层中深(m)	马五气层中深(m)	山$_2$/马五气层跨度(m)
1	榆 41-1	2938.5	3044.3	105.8
2	榆 41-3	2943	3049.3	106.3
3	榆 43-0	2922.4	3025.7	103.3
4	榆 43-1	2927.3	3026.6	99.3
5	榆 43-4	2939.6	3035.1	95.5
6	榆 44-3	2877.2	2989.8	112.6
7	榆 149	3057.9	3152.3	94.4
8	统 33-13	3004.4	3100.0	95.6
9	榆 42-3	2950.2	3037.8	87.6
10	榆 42-4	2953.0	3041.9	88.9
11	榆 42-5	2920.0	3012.6	92.6
12	榆 44-5	2896.2	2997.6	101.4
13	榆 45-4	2903.6	3005.2	101.6
14	榆 45-5	2869.5	2963.6	94.1
15	榆 46-6	2804.0	2903.8	99.8
16	榆 49-5	2936.6	3026.2	89.6
17	榆 138	3029.8	3134.5	104.7
18	榆 139	2889.2	2983.25	94.05
19	榆 140	3020.5	3112.8	92.3
20	榆 48-9	2890.0	3032.5	142.5
平均		2933.6	3033	100.0

3. 苏里格气田储隔层特征

从纵向上气层在砂体内分布状况看，气层一般由多段组成，各气层段厚度不等，分布形态各异，气层段间均有致密或高泥质含量夹层，从而造成射孔及改造难度。统计气田内21口井夹层厚度，夹层数一般以1~3层为主，夹层厚度则在0.5~2m之间，反映出砂层中所夹的非储层比例较大。在砂体顶底界一般具有厚度较大的泥岩隔层，为裂缝在目的层段内有效延伸起提供了较好的遮挡条件。对于苏里格气田，存在山$_1$和盒$_8$（盒$_9$）两个主力含气层段，据统计苏里格气田54口井，其层间特征如下：

（1）盒$_8$（盒$_9$）与山$_1$并存时层间分布特征。

盒$_8$与山$_1$并存的井有16口井，占总统计井数的比例为30%。层位间隔层平均49m左右。其中，隔层小于5m的井只有1口，占统计井数的比例为6.2%；隔层大于20m的井有15口，占统计井数的比例为93.8%，占总统计井数的比例为27.8%。

（2）只有盒$_8$（盒$_9$）的层间分布特征。

只有盒$_8$（盒$_9$）的井有38口井，占总统计井数的比例为70%，而盒$_8$（盒$_9$）内部多层井的比例是74%。

隔层小于12m的井有20口，占盒$_8$（盒$_9$）井的比例是71.4%；隔层大于12m的井有8口，比例为28.6%（但一般只有一个隔层大于12m）。

（3）分层改造条件。

苏里格气田探井及评价井盒$_8$气层段砂体岩性剖面储、隔层遮挡情况统计结果见表2-6。

表2-6 苏里格气田盒$_8$气层储隔层地应力统计表

层位	井号	$\sigma_砂$（MPa）	$\sigma_泥$（MPa）	$\Delta\sigma$（MPa）	平均$\Delta\sigma$（MPa）
盒$_8$上	苏38-14	51.2	58.3, 61.1 53.7, 58.5	7.1, 9.9 2.5, 7.3	6.5
	苏24-17	49.3	53.1, 54.7	3.8, 5.4	
	苏平1	50.4	58.4, 57.2	8.0, 6.8	
	苏平2	49.9	57.4, 56.1	7.5, 6.2	
盒$_8$下	苏38-14	51.5	58.5, 57.6 58.1, 59.0	7.0, 6.1 6.6, 7.5	6.3
	苏24-17	49.5	51.1, 54.3	1.6, 4.8	
	苏31-16	51.9	59.6, 63.3	7.7, 11.4	
	苏23	49.7	52.1, 58.9	2.4, 9.2	
	苏平1	50.8	55.0, 59.1	4.2, 8.3	
	苏平2	48.3	56.6, 51.5	8.3, 3.2	

根据5700测井曲线解释储隔层应力差在6.5MPa左右，各气层段之间隔层大多为2~10m纯泥岩，部分井隔层为泥质砂岩，以此为依据，结合苏里格气田地应力测试结果，

借助模拟软件得出分层改造条件：

（1）假设一口井两段砂体（单砂体）厚度分别为10m，砂体间为纯泥岩隔层，储隔层应力差为6.8MPa，两段气层各需支撑剂量为25m³，分别取隔层厚度为2m，4m，6m和8m；排量2.5m³/min，3.0m³/min，3.5m³/min和4.0m³/min时，对裂缝高度的延伸情况进行模拟计算，模拟结果表明，当排量为2.5m³/min、两砂体泥岩隔层厚度为6m时，压裂后两段气层纵向上裂缝不会窜通。

（2）假设一口井两段砂体（单砂体）厚度分别为10m，砂体间为泥质砂岩隔层，储隔层应力差为4.5MPa，两段气层各需支撑剂量为25m³，分别取隔层厚度为6m，10m，15m和20m；排量为2.5m³/min，3.0m³/min，3.5m³/min和4.0m³/min时，对裂缝高度的延伸情况进行模拟计算，模拟结果表明，当排量为2.5~4.0m³/min、厚度为6~20m的泥质砂岩时，压裂后泥质砂岩不能形成有效的层间遮挡。

二、合层开采可行性分析

目前，对于流体性质相似的多产层气井合层开采的条件还只是进行定性的描述，还没有较为准确的定量界定。一般认为，气井合层开采的主要问题是多产层间的矛盾即层间干扰和层间"倒灌"现象，只要气井多产层间不产生严重的干扰和"倒灌"就可以实施合层开采。其判断的条件和依据一是多产层气井合层生产时，无异常压力、产水的产层；二是多产层气井合层生产时，产层的流动压力必须小于气井各产层的井底压力。

1. 靖边气田合层开采可行性分析

长庆靖边气田上古生界和下古生界采用Y443或可回收Y241封隔器（不可洗井）分压合采管柱完井15口井，对6口井进行了油管分层合采工艺试验，测试数据见表2-7。

表2-7 靖边气田气井合采测试数据表

井号	测试工艺	层位	油压（MPa）	套压（MPa）	流压（MPa）	静压（MPa）	产量（10⁴m³/d） 分层	产量（10⁴m³/d） 全井
X36	试气分层测试	上古生界	14.8	15.4	19.5573	26.25	1.0837	
		下古生界	20.8		27.7360	29.81	2.9742	
	合采分层测试	上古生界	17.4	18.2	23.30		0.6476	4.1719
		下古生界			22.63		3.5243	
X19-4	试气分层测试	上古生界	18.1		23.6605	29.95	19.6	
		下古生界	19.6		24.0393	30.96	24.1	
	合采分层测试	上古生界	19.4		23.82			918988
		下古生界			23.84			
		上古生界	17.6		21.45			916789
		下古生界						

续表

井号	测试工艺	层位	油压(MPa)	套压(MPa)	流压(MPa)	静压(MPa)	产量（10⁴m³/d）分层	产量（10⁴m³/d）全井
X39-8	试气分层测试	上古生界	16.4		20.2298	25.75		16.8
		下古生界	22.3		29.1195	31.28		17.1
	合采分层测试	上古生界	22.1		26.98			15.2205
		下古生界			27.30			
		上古生界	21.0		27.28			19.3654
		下古生界			27.66			
		上古生界	16.4		23.7			30.6521
		下古生界						
X7-11	试气分层测试	上古生界	17.8		20.91	27.97		18.0
		下古生界	19.8		24.63	27.07		22.1
	合采分层测试	上古生界	17.8		22.5			10.8993
		下古生界			22.7			
X26-11	试气分层测试	上古生界	12.7		15.82	22.02		12.8
		下古生界	19.2		24.22	30.95		3.8
	合采分层测试	上古生界	15.0		18.55			12.6432
		下古生界			18.95			
X16-12	试气分层测试	上古生界	4.3		6.3	28.855		5.4
		下古生界	20.3		26.179			
	合采分层测试	上古生界	23.0		27.5			23.02
		下古生界			27.8			

X39-8井合层开采初期，井底流压高于试气分层测试时上古生界气层静压，上古生界气层产量测试为负值，而且，流压越接近试气分层测试时上古生界气层静压，层间倒灌量越小；放大压差生产后井底流压（23.7MPa）小于上古生界气层静压，两套层系同时产气，不存在层间倒灌。

X16-12井上古生界和下古生界气层压差比较大，在投产前直接打开滑套，进行了关井状态DDL测试。关井初期，下古生界气层对上古生界气层每天倒灌 $0.469×10^4 m^3$。投产后，采用放大压差生产，油压18.5MPa时，井底流压22.23MPa，两套生产层系同时产气，不存在层间倒灌。

从6口井的生产测试情况来看，采用分层合采技术，两套气层合层生产时，只要井底流压小于两层试气分层测试时的气层静压，两套生产层系同时产气，合层开采是可行的。

2. 榆林气田合层开采可行性分析

榆林气田气井分层改造主要层为山西组和马家沟组，其次是山西组和石盒子组，部分井不同层位试气及合层开采分层测试数据见表2-8。由试气及合层开采分层测试数据可知，榆林气田同一井多层系层间压差小,气井直接投产后,各层系全部产气,合层开采生产时,层间几乎无干扰,合层开采是可行的。

表2-8 榆林气田部分气井试气及分层测试数据表

井号	测试工艺	层位	油压(MPa)	套压(MPa)	流压(MPa)	静压(MPa)	产量($10^4 m^3/d$) 分层	产量($10^4 m^3/d$) 全井
X43-4	试气分层测试	山$_2$	8.8		10.789	27.989		9.7
		马五$_{12}$	18.5		23.811	28.573		19.5
		马五$_{13}$						
		马五$_{14}$						
	合采分层测试	山$_2$	18.1		23.0	25.685	1.65537	4.18076
		马五$_{12}$			23.3	25.859	1.15595	
		马五$_{13}$			23.5	26.094	0.7351	
		马五$_{14}$			23.6	26.780	0.56114	
X44-1	试气分层测试	山$_2$	5.6		7.5265	26.030		6.1
		盒$_8$下	14.0		18.142	23.921		14.4
	合采分层测试	山$_2$	14.5		19.2	25.265		2.15947
		盒$_8$下			19.8	22.867		
X46-4	试气分层测试	山$_2$	15.9		19.982	27.299		6.6058
		太原组						
	合采分层测试	山$_2$	17.0		21.5			3.16097
		太原组			22.0			
XX46-5	试气分层测试	本溪组	11.8	14.8	18.1615	28.243		10.3479
		山$_2$	19.5	19.5	24.133	27.5467		
X45-17	试气分层测试	山$_2$	16.2	17.2	17.2951	25.6235		0.9235
		盒$_6$	0	2				
X46-6	试气分层测试	山西组	18.0	18.5	23.839	27.634		6
		马五$_{13}$	13.2	13.6	17.511	25.821		3
		马五$_{22}$						
	合求		21.5	22.0	23.839	27.567		7.8705
X139	试气分层测试	山西组	11.8	16.4	19.596		1.4588	
		马五$_{12}$	16.4	16.7	20.249	28.902	1.4226	
		马五$_{13}$						
X140	试气分层测试	山西组	8.7	11.2	13.297	24.409	0.9945	
		马五$_{13}$	5.3	5.8	8.5284	26.699	1.7724	
		马五$_{22}$						

3. 苏里格气田合层开采可行性分析

（1）气层试气静压统计分析。

对52口气井的试气静压统计资料表明，石盒子组储层地层静压最低为22.47MPa，最高为30.87MPa，平均为28.12MPa，山西组最低为23.20MPa，最高为31.50MPa，平均为28.42MPa，气藏呈低压特点（表2-9）。

表2-9 苏里格气田52口气井试气静压情况统计表　　　　　　　　　　单位：MPa

层位	最低	最高	平均
石盒子组	22.47	30.87	28.12
山西组	23.20	31.50	28.42

从表2-9试气静压数据可见，苏里格气田地层压力变化不大，层间压差小（最大2.64MPa），但个别井存在压力异常现象，如X16井山西组静压低于石盒子组，层间压差为6.04MPa。

（2）气井分层测试分析。

从表2-10测试结果来看，5口井的主要生产层位为盒$_8$下、山$_1$及盒$_8$上贡献率较小。气井在低压（油压在8MPa以下）合采时，层间干扰较小，无"倒灌"现象发生，各产层基本都能发挥作用，合层开采是可行的。

表2-10 苏里格气井产气剖面测试数据表

序号	井号	层位	气层井段(m)	射孔井段(m)	测试日期	油压(MPa)	套压(MPa)	流压(MPa)	相对产气量(%)	单层产气量(m^3/d)	合采总产气量(m^3/d)	液面(m)	砂面(m)
1	X35~17	盒$_8$上	3279.0~3281.0 3282.0~3284.2	3279.0~3284.0	2003.04.08	6.8	7.5	8.78	10.86		9730	3318	333
		盒$_8$下	3310.3~3317.8	3309.9.0~3317.0				8.90	89.14				
2	X40~16	盒$_8$上	3275.2~3278.0 3289.0~3294.7 3296.0~3297.8	3276.0~3278.0 3290.0~3295.0	2003.03.02	5.0	2.0	7.64 7.78	61.09 38.91		34469	无	3290.5
3	X35~17	盒$_8$下	3317.0~3318.4 3321.5~3325.6	3321.0~3325.0	2003.03.08	7.7	8.0	8.76	82.30		11979	3326	3332
		山$_1$	3337.6~3341.8	3338.0~3342.10				8.80	17.70				
4	X39~17	盒$_8$下	3300.4~3302.7 3305.8~3312.7 3330.6~3334.6	3306.0~3312.0 3330.6~3334.6	2003.03.06	7.8	8.2	9.50 9.60	100.0 0		28758	3306.2	3341.2

续表

序号	井号	层位	气层井段(m)	射孔井段(m)	产气剖面测井参数							液面(m)	砂面(m)
					测试日期	油压(MPa)	套压(MPa)	流压(MPa)	相对产气量(%)	单层产气量(m^3/d)	合采总产气量(m^3/d)		
5	X38~16	盒$_8$下	3304.5~3312.0		2003.03.22	5.1	5.2	7.80	69.36	0~3310.0	45972	3308.4	3353.0
			3316.5~3321.2					7.83	30.52	0~3321.0			

另外，气井合层开采不必对目前采用的气井井口装置、地面集输流程进行重新配套，可以实现地面单管集输，与高压集中注醇、排水采气、防腐等工艺技术配套也比较容易。因此，靖边气田、榆林气田、乌审旗气田和苏里格气田多层合采也是可行的。

第三节 分压合采工艺技术

长庆油气区气藏具有低渗、低压、低产、低丰度等特点，下古生界气藏地质构造复杂，上古生界气藏岩性变化大，储层非均质性都很强，含气层段多，物性差，几乎无自然产能，每口井均须通过压裂酸化改造后才能投产，开发难度大。随着气田不断开发，钻遇储层物性越来越差，单层开采已达不到工业气流标准，为使薄而多气层段的井得到有效开发，开展了多层分压合层开采技术研究。

以往的直井多层压裂改造工艺主要采用桥塞、填砂、投尼龙球等，这种工艺需要多次起下管柱，动用多次压裂设备，施工复杂、周期长、费用高，压井对储层伤害较严重。经过多年的技术攻关研究，已形成了适合长庆油气区特点的机械封隔分压合采、连续油管分压合采以及套管滑套分层压裂3种工艺技术。

一、机械封隔分压合采工艺

气井直井机械封隔器连续分压管柱组成：油管+安全接头+油管+水力锚+K344封隔器+油管+若干压裂单元+节流嘴+扶正器，每个压裂单元由"油管+节流喷砂器+水力锚+K344封隔器+滑套座"组成，如图2-3所示。

1. 工艺原理

该工艺采用电缆一次射孔、一次下入分压管柱，通过封隔器有效封隔各小层，依次逐层开启滑套压裂改造，压裂后不动管柱合层排液投产，实现快速压裂、各层同步破胶、快速排液，减少作业液体对储层伤害，提高单井产量。

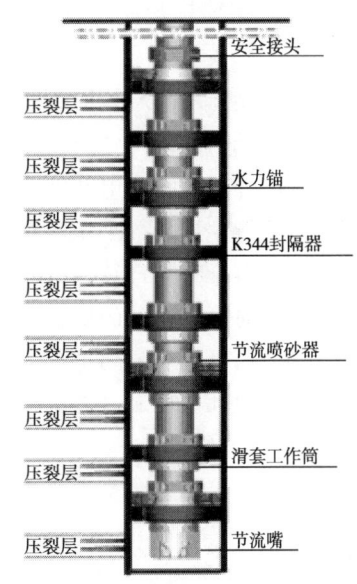

图2-3 K344封隔器分压合采管柱

2. 管柱主要特点

(1) K344 封隔器封隔可靠,压裂砂堵时可反循环解堵;

(2) 管柱结构简单,成本低,便于推广应;

(3) 当出现井下管柱不能解封、解卡等事故时,可从安全接头处倒扣提出管柱。

3. 目前技术现状

目前,管柱最高分压能力达11层,实现了一次分压8层,最高施工排量达$6.5\mathrm{m}^3/\mathrm{min}$;实现了连续分层压裂,不需要压井,施工效率大幅提高。

4. 应用实例

机械封隔分压合采工艺在长庆油气区试验108口井,其中一次分压8层试验7口井,总体应用效果明显,平均无阻流量$10.41\times10^4\mathrm{m}^3/\mathrm{d}$,绝大多数井试气产量达到了Ⅱ类至Ⅰ类井水平,与邻井相比工艺有效率83.6%,整体应用增产效果突出。

二、连续油管分压合采技术

连续油管分层压裂具有不限级数、可带压拖动、压后井筒保持全通径、可实施大排量体积压裂等特点。自2009年开始,在紧密跟踪国外致密气改造先进技术的基础上,与国外哈里伯顿、斯伦贝谢等知名技术服务公司陆续开展了技术交流与合作,试验了连续油管分层压裂新工艺的探索性试验,2010年以后,长庆油田依托中国石油天然气股份有限公司重大专项,先后开展了连续油管喷砂射孔环空填砂分层压裂、连续油管带底封拖动压裂、连续油管井下控砂浓度压裂等3项技术研究与试验,最高实现了一次连续分压8层,取得初步效果。

1. 连续油管分层压裂

1) 技术原理

连续油管与喷砂射孔技术结合实现多层压裂,利用连续油管下入喷射工具实现射孔、通过环空进行主压裂、采用砂桥或封隔器进行下层封隔、作业后连续油管冲砂实现高效分层压裂,主要以小直径连续油管为主,应用在3000m左右的深井多层改造中。步骤为下入连续油管串,对第一个目的层进行射孔,通过连续油管和套管的环空向地层注入压裂液,开始压裂;结束后将加有隔离剂和支撑剂的基液泵入井内,封隔已压层;上提井底钻具组合,对下一层进行射孔、压裂(图2—4)。

2) 技术特点

该分压工艺具有不限级数、可带压拖动、压后井筒保持全通径、可实施大排量体积压裂等特点。

3) 技术关键

(1) 连续油管井下精确定位工具。是该技术的核心部件,通过对短套管的定位实现连续油管井下精确定位,目前国外已发展出了无线套管接箍定位和机械式套管接箍定位两种技术。

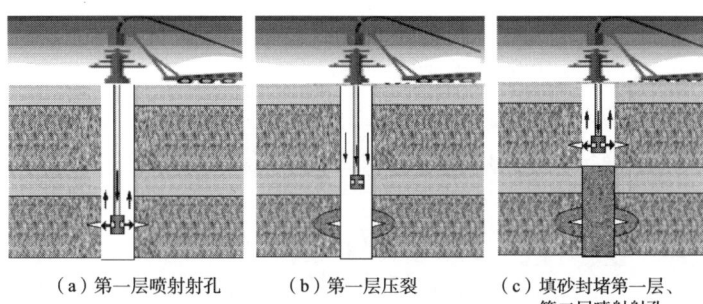

(a) 第一层喷射射孔　　(b) 第一层压裂　　(c) 填砂封堵第一层、第二层喷射射孔

图 2-4　连续油管分层压裂技术原理示意图

（2）连续油管分层压裂封隔工艺。采用填砂或封隔器进行压裂层位间封隔，填砂分割的的关键是对现场操作控制要求较高，对于小尺寸井眼控制难度大，带下封隔器的工艺关键是底封工具既要可承受一定压差（目前国外应用最高为50MPa），又要确保解封灵活，避免出现连续油管井下复杂情况。

（3）连续油管强度分析设计。连续油管分析设计主要是分析连续油管应力和弯曲、寿命和安全性、连续油管弯曲半径和循环周期，根据井内不同情况对连续油管直径和壁厚进行选择，并模拟作业情况，国外大的作业公司均已开发出了相应的连续油管分析软件，BJ公司开发和完善该软件前后用了15年，实现了连续油管的安全作业。

4）应用实例

连续油管喷砂射孔环空填砂分层压裂技术在苏里格气田累计完成13口井60层连续油管多层压裂工艺试验，最高一次分压8层，完试井产量与邻井相比，取得较好效果，达到了多层动用的目的。带底封拖动压裂技术先后开展了K341封隔器+机械锚定器、K344封隔器+机械锚定器及Y211底封封隔器研究与试验，优选并确定了Y211底封封隔器技术方案，并在油田利用常规油管拖动进行4口水平井压裂试验并获得成功。

2. 连续油管井下控砂浓度压裂

1）技术原理

连续油管井下控砂浓度压裂技术采用连续油管高砂比携砂，环空调整排量实时控制井下砂浓度，实现缝内暂堵转向，提高裂缝网络复杂程度，压裂后期采用砂塞进行段间封隔（图2-5）。步骤为：投球泵送到位，连续油管水力喷砂射孔、启裂测试，上提连续油管（射孔位以上1ft）；反循环，将球洗出来；连续油管小排量高砂比携砂（砂浓度：1438~2876kg/m³）；环空大排量不携砂（滑溜水）；调整环空排量控制井下砂浓度，进行缝内转向压裂；环空降排量形成砂塞；拖动钻具到上一射孔位置；投球泵送到位；重复以上步骤完成所有压裂。

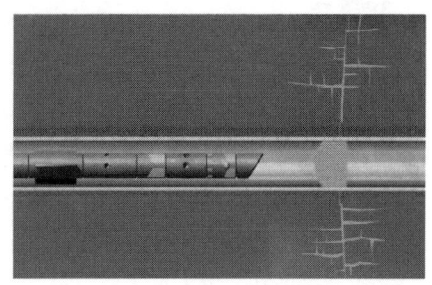

图 2-5　连续油管井下控砂浓度压裂技术原理示意图

2）技术特点

连续油管井下控砂浓度压裂技术可井下实时调控砂浓度进行缝内暂堵压裂，有利于形成复杂缝网；高砂比有利于水平井填砂分段压裂。

3）技术关键

混砂器是连续油管井下控砂浓度压裂技术的技术关键。连续油管注入高砂比携砂液，环空高排量注入滑溜水，两者在混砂器的作用下充分混合，主要分为以下两个阶段：第一阶段，油管内高砂比携砂液刚从混砂器流出，混砂器出口轴线与中轴线存在一定的偏心距和角度，会产生旋流效应，有利于液体混合；第二阶段，混合液流至井下工具的末端时，由于流动空间增大，在光套管内的流速相应降低，边界层分离，由于液体的强剪切流动，在井下工具下游产生漩涡，同时由于密度差的影响，进一步加速液体混合效果。

4）地面模拟试验

长庆油田开展了井下控砂浓度压裂工具地面物模试验，全尺寸模拟了压裂设备泵注高砂比携砂液及井下混砂器的工作状态，验证了其基本原理（图2-6）。

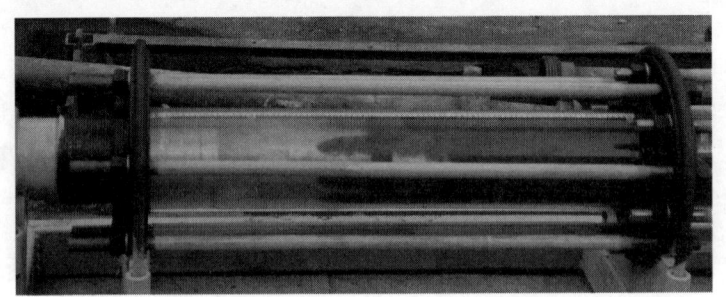

图2-6　连续油管井下控砂浓度压裂地面模拟试验现场图

三、套管滑套分层压裂技术

1. 有限级套管滑套压裂技术

1）技术原理

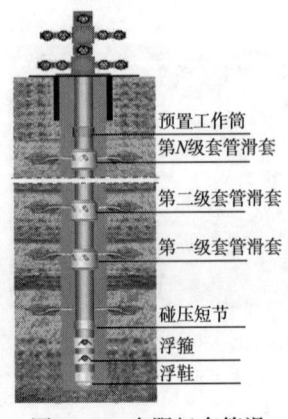

图2-7　有限级套管滑套结构示意图

有限级套管滑套（图2-7）工具随完井套管一起入井，端口依次对准试气层位固井，第一层采用常规射孔枪射孔压裂，第二层以后各层通过投大小不同的密封球，依次打开各层滑套，实现有限级连续分压，最后合层排液。

2）技术特点

采用光套管压裂具有以下特点：（1）井筒通径大，能够满足大排量施工；（2）钻后实现全通径，有利于后期作业以及滑套可开关，有利于选择性开采；（3）压裂采用可溶球，压后井筒完整性；（4）可以实现压裂生产一体化等。

3）应用实例

截至2013年10月底，苏南道达尔完钻直井、定向井279口井，全部采用3½in有限级套管滑套完井，完试约250口井450

层,最高试气为3层,平均为1.8层,平均无阻流量$17 \times 10^4 m^3/d$,目前苏南共投产直丛井123口,下入预置式节流器,投产方式采用放压生产,直井平均日产气量$3.08 \times 10^4 m^3$。

长庆自主有限级$4\frac{1}{2}$in套管滑套现场试验顺利完井29口,完成压裂施工6口井25层,最高施工排量达$8.0 \sim 11.0 m^3/min$,最高分压5层,平均无阻流量$5.5 \times 10^4 m^3/d$,是邻井产量的1.5倍,取得较好增产效果。

目前有3口$4\frac{1}{2}$in套管滑套试验井采用放喷压井后下入$2\frac{3}{8}$in油管排液投产,平均投产产量$1.5 \times 10^4 m^3/d$,日产量及生产套压均高于同期投产邻井,大排量扩大了改造体积,取得较好增产效果。

2. 无限级套管滑套压裂技术

1)技术原理

钻井后测井确定各级套管滑套位置,套管滑套等工具随套管一起下入完井。压裂第一层采用射孔方式进行压裂,第二层投堵塞器打开启动滑套进行压裂,同时第二层压裂施工压力经导压管线传导至第三层套管滑套,第三层套管滑套内活塞在导压管线压力作用下推动变径球座产生缩径形成球座,第二层压裂施工结束后投入堵塞器打开第三层套管滑套,压裂第三层,同时下一层套管滑套内活塞在导压管线压力作用下推动变径球座产生缩径形成球座,依次循环完成各层改造。图2-8所示为TAP套管滑套分层压裂技术原理示意图。

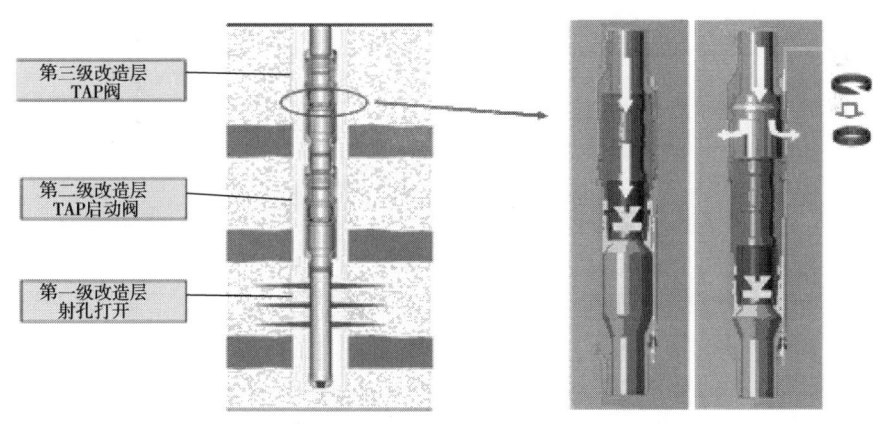

图2-8 TAP套管滑套分层压裂技术原理示意图

2)技术关键

(1)密封机构。由于该工具在井下长时间承受高温,易使密封材料发生永久变形而使活塞的空气腔产生漏失,致使活塞无法推动变径球座产生缩径形成球座,导致工具失效,因此,密封机构的设计和密封材料的选择是该工具的关键。

(2)套管滑套压裂端口。套管滑套压裂由于没有射孔,打开滑套后通过压裂端口直接压开水泥环和地层,因此端口的设计与地层能否正常启裂直接相关。

(3)配套工具。专用胶塞、堵塞器和开关工具等。

3)应用实例

长庆油气区普遍发育多套含气层系,为拓宽多层压裂改造思路,以提高单井产量为核心,以提高压后井筒完整性、实现大排量混合水多层压裂改造以及满足选择性开采等需求,

2009年引进斯伦贝谢公司TAP多层压裂工艺在气田开展了先导性试验。累计开展11口井共73层试验，最高实现了一次连续分压9层，平均无阻流量$5.85\times10^4m^3/d$，多层动用增产效果明显。

参 考 文 献

[1] 李安琪. 苏里格气田开发论［M］北京. 石油工业出版社，2008.

[2] 郎学军，李兴应，刘通义，等. 双封隔器分层压裂工艺技术研究与应用［J］. 钻采工艺. 2004，27（3）：51-53.

[3] 黎昌华. 分层压裂合采工艺应用研究［J］. 油气井测试. 2000，9（4）：13-17.

[4] 张恩伦，刘化国，杨玉生. 桥塞分层工艺技术的发展［J］. 石油机械，2001，29（10）：47-50.

第三章 排水采气技术

长庆油气区气藏属典型的低压、低渗、低丰度"三低"气田,单井产量低、携液能力差。随着气田的开发,地层能量降低,积液气井数量逐年增加。

井筒积液对气井生产的影响主要包括两个方面:一是井筒积液使井底回压增大,导致气井产量下降;二是由于水敏性黏土矿物膨胀等原因,使井底近井地带产层气相渗透率受到伤害,影响最终采收率。

排水采气技术通过人为措施补充气井能量,达到排除井筒积液,提高气井产量的目的。国内气田主要应用的排水采气工艺包括泡沫排水、优选管柱、气举、机抽、电潜泵等。长庆经过多年研究及试验,形成了以泡沫排水为主,速度管柱、柱塞气举和压缩机气举为辅的低成本排水采气技术系列。

第一节 泡沫排水采气技术

泡沫排水采气技术是针对产水气藏气井开发而研究的一项助采工艺技术,具有投资少、成本低、见效快等特点。20世纪五六十年代在苏联、美国等气田大规模应用,成功率很高。国内四川气田起步最早,从1978年起川南气区开始进行泡沫排水采气工艺技术研究,每年施工100多口井,增产天然气 $1\times10^8m^3$ 左右。长庆油气区已经过近10年的探索试验,研究形成了适用于不同区块水质特点的泡排剂系列,泡排工艺技术在实践中不断成熟、配套、完善,现场应用2881口井6万余井次,增产气量 $3.926\times10^8m^3$,占长庆油气区排水采气措施的近90%,现已成为长庆油气区产水气井应用最广泛的排水采气工艺。近年结合长庆油气区数字化建设,研发了气井起泡剂自动加注设备及其控制系统,规模应用200余口井,实现了气井起泡剂加注自动控制,提高了泡排气井生产管理水平。

一、工艺原理

泡沫排水采气是气田应用最广泛的化学排水措施,该技术是将某种表面活性剂或高分子聚合物注入井底,借助于天然气流的搅动,与井底积液充分接触,产生大量低密度的含水泡沫,使其在气—液两相混合垂直流动过程中产生泡沫、分散、减阻、洗涤等多种物理、化学效应,减少井筒中"滑脱损失",提高气流垂直举液能力。泡沫排水采气工艺原理如图3-1所示。

1. 泡沫排液增产机理

泡沫的带液增产作用主要体现在以下几个方面:

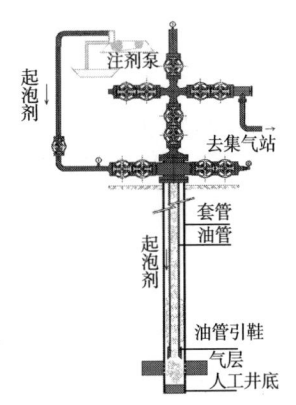

图3-1 泡沫排水采气工艺原理示意图

（1）改变井筒气液分布结构及流态。气井带液生产时，油管内多相流体由井底向井口呈现泡流、段塞流、环状流、雾状流或几种流态的组合分布。井筒积液后，液相积聚在油管底部，气相穿越液相（或液相滑脱）流向井口，管内液相分布不连续。加入起泡剂后，由于气—液界面张力降低而产生泡沫，管内流体转变为连续分布的泡沫流。

（2）降低油管内混合流体密度。由于泡沫带液作用，泡沫不断产出使油管内液相不断减少，管内混合流体的密度不断降低。

（3）增大气井生产压差。随着油管内积液的不断排出，混合流体密度减小，降低了气井生产时的井底回压，增大生产压差，使气井产量增加，进而提高气井携液能力。

（4）减少气层伤害。高质量的起泡剂有助于消除气层水锁或能有效地保护气层，泡沫药剂在井底被冲刷，对近井底地带的地层孔隙和井壁进行清洗，解除堵塞并且疏通气流通道，从而改善气井的生产能力。

（5）降低气井临界携液流量。根据Turner模型，在其他条件相同情况下，表面活性剂的加入，使气流中最大液滴直径减小，从而降低了携带液滴所需要的最小临界流速。

2. 泡沫稳定性及其影响因素

泡沫的稳定性是指生成泡沫的持久性。泡沫形成后，表面积增大，体系的自由能增加，因此泡沫属于热力学不稳定体系，会自发地从自由能较高的状态向自由能较低的状态转化，在泡沫体系中加入辅助表面活性剂、稳泡剂等物质，可获得良好的稳定性。

1）泡沫稳定机理

泡沫稳定作用机理可分为两类：

第一类是利用分子间力及氢键力增强溶液表面黏度，提高泡沫体系稳定性。表面黏度是指液体表面单分子层内的黏度，是表面活性剂分子在其表面单分子层内的亲水基间相互作用及水化作用而产生的。皂素、蛋白质及其他类似物质的分子间，除范德华力外，分子间的羧基、胺和羰基间有形成氢键的能力，因而具有很高的表面黏度，形成稳定的泡沫。

第二类是通过水溶性聚合物的加入，提高溶液的黏度，延长泡沫重力排液时间、气体扩散时间及泡沫半衰期，进而增加泡沫的稳定性能。

2）泡沫衰变机理

泡沫的破裂、合并是体系自由能减少的自发过程，造成泡沫破坏的主要原因是液膜排液减薄和气体扩散。

（1）液膜排液。

泡沫中液膜的排液是气泡相互挤压和重力作用的结果，气泡的挤压主要来源于曲面压力。泡沫的结构如图3-2所示。相邻两气泡间的薄溶液膜叫泡膜，多个气泡（通常3个气泡）交界区叫Plateau边界区，简称P区，不论静态平衡或动态条件下，所有施加于泡沫的应力都来自P区或通过P区起作用，泡沫所含液体也大多存在于P区。考察泡沫破坏过程必须特别注意P区与泡膜的变化。

根据Laplace方程，泡膜内液体的压力较P区内液体的压力大，在这种压差作用下，泡沫中的液体自动从液膜处流向P区（即流向为A→B），使液膜变薄，最终导致泡沫破灭。当膜间夹角为120°时，A、B间压差最小，泡沫最稳定，所以泡沫多呈六边形。

(2)气体扩散。

泡沫的大小总是不均匀的,弯曲液面会产生附加压力作用,半径越小,附加作用力越大。小气泡内的气体压力高于大泡内的气体压力,因而气体自高压的小泡透过液膜,扩散到低压的大泡中,造成小泡变小直至消失,大泡变大导致气泡破裂。此过程依赖于气体穿过液膜能力的大小,通常可利用液面上气泡半径随时间变化的速率来衡量液膜的透气性。

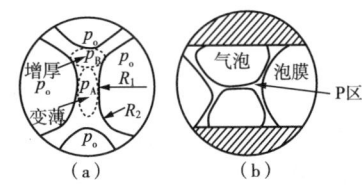

图3-2 液膜排液机理示意图

p_o—气泡内压;p_A—泡膜内液体的压力;
p_B—P区内液体的压力;R_1—气泡半径;
R_2—P区表面曲率半径

3)影响泡沫稳定性的因素

影响泡沫稳定性的因素主要包括表面活性剂的分子结构、温度、界面张力、界面膜的性质、表面活性剂的自修复作用、泡内气体的扩散、压力和气泡大小的分布、溶液黏度及表面电荷等因素,其中最主要的因素包括表面活性剂的分子结构、温度、界面张力以及表面活性剂的自修复作用。

(1)表面活性剂的分子结构。

为了提高泡沫的稳定性,液膜须具有高黏度,表面活性必须在液膜表面形成紧密的吸附膜,因此表面活性剂的疏水碳氢链应该是直链且较长的碳链,一般起泡剂的碳原子数以C_{12}和C_{14}较好。

(2)温度。

泡沫稳定性随温度的升高而下降。在低温和高温下泡沫的衰变过程不同。低温时,当泡沫的液膜达到一定厚度时,泡沫就呈现出亚稳定状态,其衰变机理主要是气体扩散。在高温时,泡沫的破灭由泡沫柱顶端开始,泡沫体积随时间的增长有规律地减小。由于最上部的液膜总是向上凸的,这种弯曲膜对蒸发作用很敏感,温度越高蒸发越快,膜变薄到一定厚度时,会发生破裂,因此大多数泡沫在高温下是不稳定的,要求起泡剂在地层高温条件下具有良好的起泡能力和稳泡能力。

(3)表面张力。

根据 Laplace 公式,液膜的 Laplace 交界处与平面膜之间的压差和表面张力成正比,表面张力低则压差小,因而排液速度较慢,液膜变薄较慢,有利于泡沫稳定。但是气—液界面张力的大小是泡沫产生的重要条件但并非必要条件。低表面张力有利于泡沫的形成,但生成的泡沫并非一定是稳定的。只有当形成多面体的泡沫时,表面张力排液的作用才能表现出来。

(4)表面活性剂的自修复作用。

当泡沫受到外力冲击或扰动时,液膜会发生局部变薄使液膜面积增大,导致表面活性剂的浓度降低引起此处的表面张力暂时升高,由于B处的表面活性浓度高于A处,所以表面活性剂由B处向A处迁移使A处的表面活性剂浓度得到恢复,表面活性剂在迁移过程中同时会携带邻近的液体一起移动,使得A处的液膜恢复原来的厚度。表面活性剂的这种阻碍液膜排液的自修复作用称为 Marangoni 效应。

表面活性剂的浓度对其自修复作用有一定的影响。由于液膜的厚度比长度小得多,液膜沿垂直方向建立平衡比沿水平方向快得多。若表面活性剂的浓度太高,液膜变形区表面活性剂的补充往往是从垂直方向补充,液膜变形区表面活性剂的浓度可以恢复,但液膜的厚度却无法恢复，液膜机械强度差，这就是表面活性剂的浓溶液泡沫稳定性差的原因。表面活性剂的浓度太低，则液膜表面的表面活性剂浓度低，当液膜变形伸长时液膜表面的表面活性剂浓度变化不大，表面张力下降也不大，$d\sigma/dA$ 值小（σ 为表面张力；A 为膜面积），液膜弹性低自修复作用差，泡沫稳定性也差。泡沫最稳定的浓度是在 $d\sigma/dA$ 取得极大值时的浓度，表面活性剂在这一浓度下所产生的泡沫是最稳定的。

二、起泡剂与消泡剂的评价优选

1. 起泡剂种类

由于气井温度、地层水矿化度和凝析油含量等条件差异，要求泡沫排水起泡剂满足不同井况条件下的特殊要求。一般气水井采用阴离子型起泡剂，如磺酸盐、硫酸脂盐等，能获得较好的起泡效果；由于凝析油本身是一种消泡剂，因此含凝析油的气水井应采用多组分的复合起泡剂或聚合物表面活性剂；含硫化氢的气水井要注意缓蚀剂与起泡剂之间的配伍性。目前气田常用起泡剂类型见表3-1。

表3-1 泡沫排水用起泡剂种类及其优缺点对比

名称	优点	缺点	备注
阴离子表面活性剂	起泡性能好、价格低	受水中离子影响较大，尤其是钙、镁离子	引进功能基团或使用络合剂除去水中干扰离子
阳离子表面活性剂	抗矿化水能力强	价格高、难以规模应用	油田上主要用作杀菌剂、防蜡剂、缓蚀剂、润湿剂
非离子表面活性剂	来源广泛、性能稳定	起泡力较离子型差	乳化、分散效果较好

2. 起泡剂评价方法

泡沫排水起泡剂要求其具有起泡能力强、携液量大、稳定性高等特点，起泡剂现场应用前必须进行室内实验评价，测试其起泡能力、携液率、与地层水的配伍性等参数。起泡剂性能评价主要采用气流法和罗氏米尔法，按照 SY/T 6465—2000《泡沫排水采气用起泡剂评价方法》执行，评价内容包括：

（1）一般性质评价，包括外观，pH值、密度、黏度等；
（2）表（界）面张力评价；
（3）起泡力评价，采用罗氏米尔泡沫测定仪（图3-3）；
（4）泡沫动态性能评价，评价装置如图3-4所示；
（5）热稳定性评价；
（6）配伍性评价。

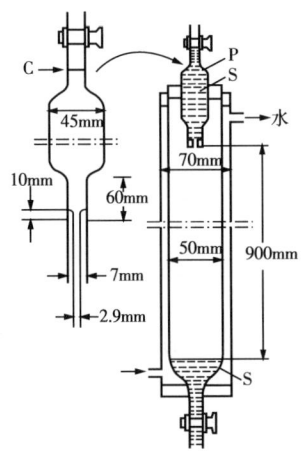

图3-3 罗氏米尔泡沫测定仪器

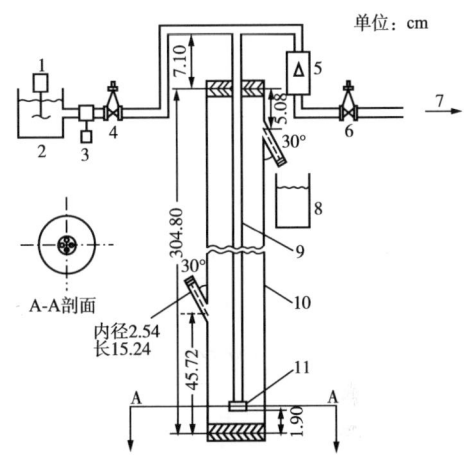

图3-4 泡沫动态性能评价装置

1—电动搅拌器；2—配料桶；3—计量泵；4，6—调压阀；5—气体流量计；7—接空压机；8—泡沫收集器；9—油管（不锈钢，ϕ19.05mm），10—套管（有机玻璃，内径63.50mm）；11—小帽（不锈钢，四小孔，ϕ2.38mm，距中心4.76mm）

3. 长庆油气区起泡剂与消泡剂优选结果

1）长庆油气区水质特点

长庆油气区主要包括靖边、榆林和苏里格3个区块，气田总体产水特点是：低压、低产、含凝析油、局部富水区块产水量及矿化度较高。

（1）靖边气田。

靖边气田主力产层马五$_{1+2}$，气藏 H_2S 平均含量1024.19mg/m³，CO_2 含量平均4.9%。气田西部地层水相对集中，东部水体零星分布，下古生界气藏共存在7个富水区和74个产水单井点，水质分析结果表明地层水矿化度较高，在188.0~269385mg/L之间，不含凝析油（表3-2）。

表3-2 靖边气田气井水质分析统计表　　　　单位：mg/L

监测项目		范围	平均值
离子组成及其含量	$Na^+ + K^+$	0~2005.3	329.28
	Ca^{2+}	0~1400.0	258.9
	Mg^{2+}	0~930.2	51.25
	Cl^-	0~4586.2	941.83
	HCO_3^-	0~23.4	0.13
	SO_4^{2-}	0.1~3.1	1.3
	Fe^{2+}	0~154.6	2.08
	Fe^{3+}	0~33.0	1.08
总矿化度		188.0~269385	53055.43

（2）榆林气田。

榆林气田水质为 $CaCl_2$ 水型，Cl^- 含量为 26.94~123107.6mg/L，平均 10655.54mg/L；矿化度为 358.5~98452.3mg/L，总矿化度平均 19244.87mg/L，凝析油含量平均 20%（表 3-3）。

表 3-3 榆林气田南区气井水质分析统计表　　　　　　　　单位：mg/L

监测项目		范围	平均值
离子组成及其含量	$Na^+ + K^+$	14.34~1242.62	149.361
	Ca^{2+}	14.35~685.13	129.44
	Mg^{2+}	0.46~415.56	37.28
	Cl^-	26.94~123107.6	10655.54
	HCO_3^-	0~398.14	62.51
	SO_4^{2-}	0~18.78	2.88
	Fe^{2+}	0~98.2	48.93
	Fe^{3+}	0~10.9	1.52
总矿化度		358.5~98452.3	19244

（3）苏里格气田。

苏里格气田气井产液以凝析液为主，部分区域产地层水，产水区域分布比较零散，无统一气水边界。气田水质分析的结果（表 3-4）表明，在排除生产初期压裂液的影响后，气井产出水的水质、水型没有明显变化，产出水水型主要为 $CaCl_2$ 型。盒$_8$ 段地层水总矿化度分布在 3860~65860mg/L 之间，平均为 30180mg/L；山$_1$ 段总矿化度分布在 17300~32310mg/L 之间，平均为 25375mg/L。氯离子含量较为稳定，基本在 10000mg/L 左右，pH 值为 5~8，属于封闭环境的水，总矿化度低于 30g/L，为气藏饱和凝析水，不属于地层水。

表 3-4 苏里格气田气井水质分析统计表　　　　　　　　单位：mg/L

层位	取值	地层水离子及含量						总矿化度
		$K^+ + Na^+$	Ca^{2+}	Mg^+	Cl^-	SO_4^{2-}	HCO_3^-	
盒$_8$	范围	635~9701	656~13995	38~1206	2129~39282	71~2488	51~620	3860~65860
	平均值	5179	5306	429	17884	958	308	30181
山$_1$	范围	3603~6063	1988~6055	105~402	10249~19661	238~794	192~407	17300~32310
	平均值	4956	4235	202	15165	511	306	25375

2）长庆油气区起泡剂与消泡剂类型

长庆油气区自 1998 年开始在部分试采井上进行起泡剂加注试验，初期主要开展工艺适应性评价（表 3-5），由于试验井次少，试验时间较短，未能系统地筛选出适合长庆油气区的起泡剂和消泡剂。

表3-5 长庆油气区投产初期起（消）泡剂试验情况统计表

类型	药剂型号	生产厂家	应用气井
起泡剂	UT-5	成都温江化工研究所	陕5井、陕93井
	CT5-3B	四川天然气研究院	G4-9井
	CYZT-2	长庆第一助剂厂	苏35-15、苏36-18等
	LCP-2	长庆第二助剂厂	苏35-15、苏36-18等
	FA406	台湾桃园县	陕5井
	PDPT-3	北京众博达科技公司	G8-17井
	JX	长庆局井下处	榆47-11、榆44-11等
消泡剂	FG-2	成都温江化工研究所	陕5井、陕93井
	CT5-7B	四川天然气研究院	陕5井、陕93井
	XQ-1	河南洛阳中达公司	陕5井

（1）起泡剂系统评价。

2004年开始针对气田各区块水质特点进行起泡剂系统评价，并根据气井产水矿化度、凝析油含量、甲醇含量等参数进行新型起泡剂研发，形成了以UT系列为主体的起泡剂体系，总体性能满足现场应用要求。2012年长庆油气区泡沫排水起泡剂应用情况统计见表3-6。

表3-6 长庆油气区泡沫排水起泡剂应用情况统计表（2012年）

起泡剂名称	5min泡高（mm）	15min携液率（%）	抗油（%）	抗盐（g/L）	抗甲醇（%）	应用区块	应用井数	应用比例（%）	生产厂家
UT-6	108	75	30	150	20	靖边、榆林、苏里格	683	50.4	成都孚吉科技有限公司
UT-8	102	78	20	100	20	苏里格	28	2	
UT-11C	115	80	30	150	20	靖边、榆林、苏里格	498	36.7	
UT-11B	110	72	20	200	20	靖边	65	4.8	
UT-17	107	76	20	150	40	榆林	43	3.2	
HY-3	105	68	20	150	20	苏里格	35	2.9	川庆钻探勘探开发研究院

（2）消泡剂优选。

长庆油气区3个主要区块中，榆林气田、苏里格气田气井产出液中含有凝析油，由于凝析油的消泡作用，泡排井不需要采取消泡措施。靖边气田气井产出液基本不含凝析油，且该区块采用高压集气流程，站内采用三甘醇脱水工艺，若泡排井产出液消泡不彻底，一方面影响站内分离效果，使高矿化度地层水进入脱水橇，导致脱水橇堵塞；另一方面会使三甘醇纯度降低，影响脱水效果。因此，靖边气田开展了泡沫排水配套消泡剂的评价（表3-7），针对气田主要应用的起泡剂系列进行不同类型消泡剂性能参数测定，优选FG-7I作为靖边气田主体消泡剂。

表3-7 不同消泡剂消泡速度和抑泡时间测定表

消泡剂型号	消泡速度（min）	抑泡时间（min）	加注浓度（‰）
FG-2	7.75	0.2	1.0
FG-7Ⅰ	0.2	9.4	
TXP-8	7.5	0.2	
WT-1	6.13	0.6	

三、气井起泡剂、消泡剂加注工艺

1. 加注方式

1）起泡剂加注

气井起泡剂根据其物理状态可分为液体、固体两大类。

液体起泡剂主要采用以下3种加注方式：

（1）站内注醇泵加注。靖边气田和榆林气田采用高压集气模式，单井设有注醇管线，起泡剂可通过站内注醇泵加注（图3-5）。

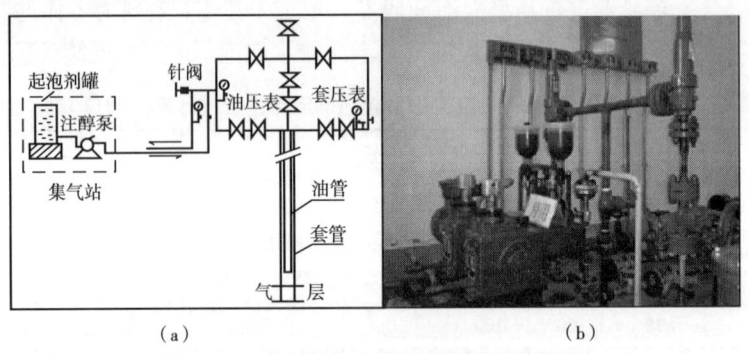

图3-5 站内加注流程示意图及实物照片

（2）车载注剂泵加注。对于单井无注醇管线的气井，利用移动式注醇车井口加注（图3-6）。

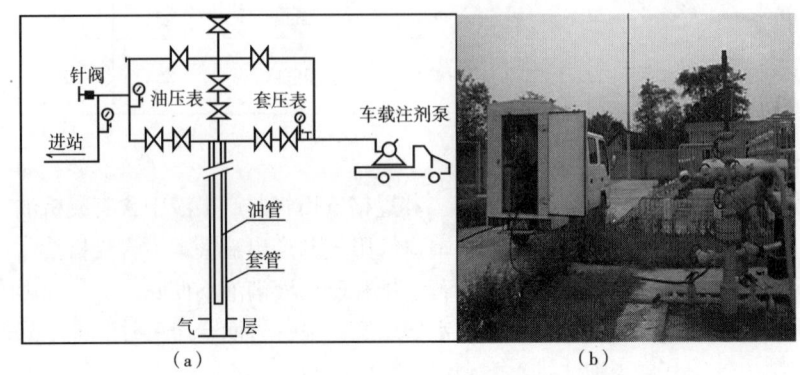

图3-6 车载式注剂泵加注流程示意图及实物照片

(3)井口自动注剂装置加注。自动注剂装置利用太阳能供电,注剂泵、药剂箱、电路控制系统等核心组件集成橇装,利用气井数据远传系统采集井口设备数据、发送控制指令,实现了液体泡排剂加注的远程自动控制(图3-7)。

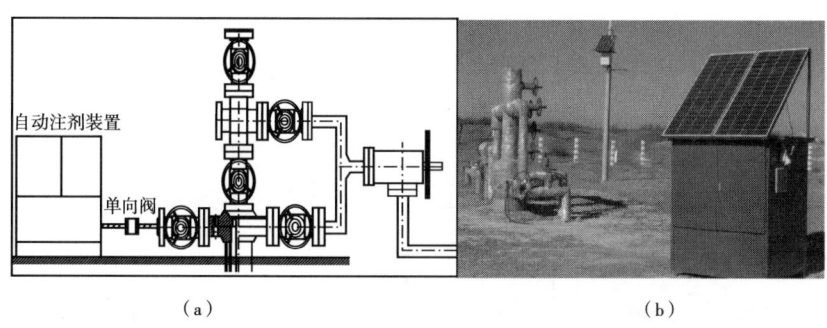

图3-7 井口自动注剂装置加注流程示意图及实物照片

固体起泡剂主要采用以下两种加注方式:

(1)人工井口投放。根据SY/T 6525—2002《泡沫排水采气推荐做法》,固体泡排剂主要采用人工操作方式从油管投放(图3-8)。

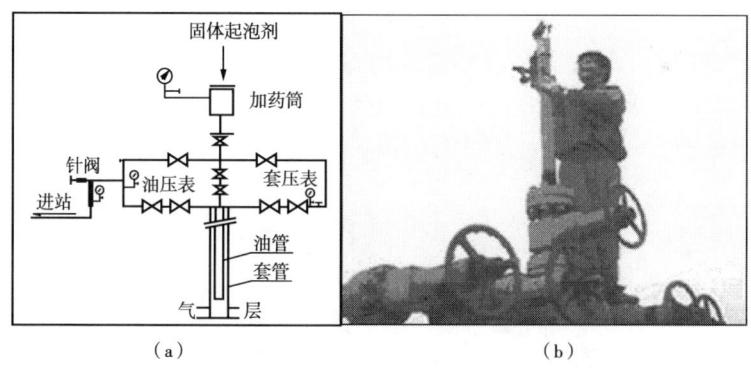

图3-8 固体泡排剂井口加注示意图及照片

(2)固体泡排剂自动投放装置加注。自动投棒装置安装于采气树顶部,利用电磁驱动储棒机构旋转完成投棒操作,可通过时间控制器或气田数字化管理平台实现远程自动控制(图3-9)。

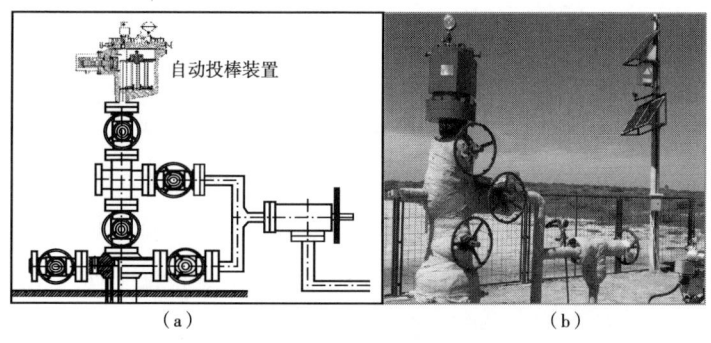

图3-9 固体泡排棒自动加注流程示意图及照片

2) 消泡剂加注

靖边气田消泡剂加注采用两种加注工艺：

（1）站内加注。利用集气站内注醇泵，在节流前的压力表考克处通过小三通注入消泡剂（图3-10）。

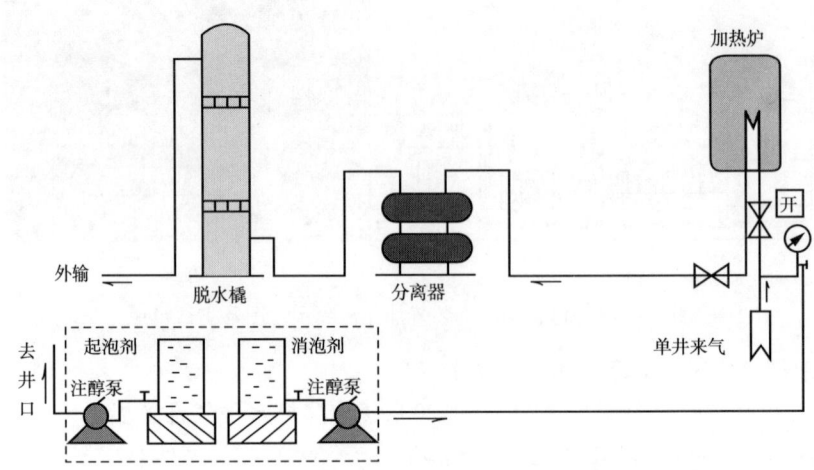

图3-10 靖边气田集气站内工艺流程图

（2）井口消泡工艺。该工艺是在井口外输管线上增加一条旁通管线，将固体消泡装置安装在旁通管线上，当天然气与井筒产出液的混合物流经该管线时，与安装于装置内部的固体消泡剂充分接触，达到快速消泡的目的（图3-11）。

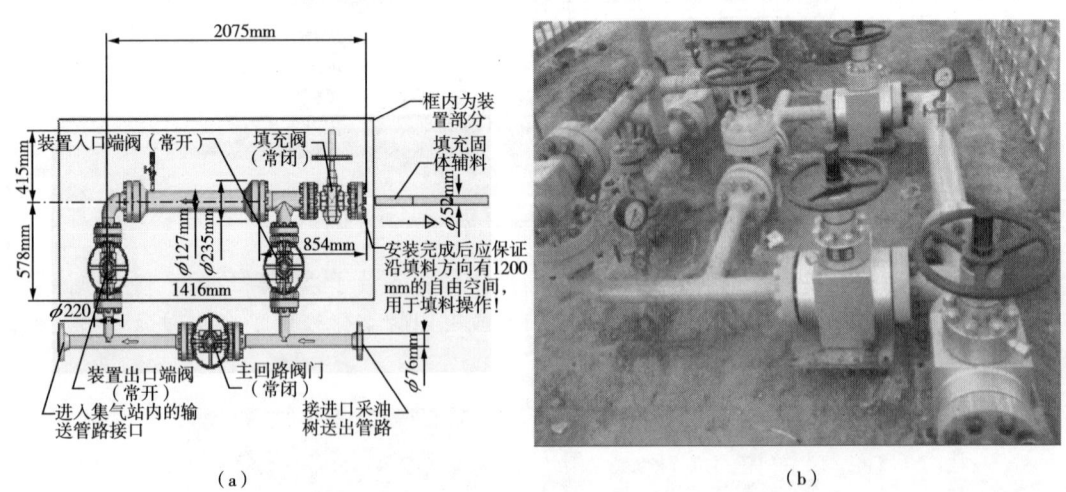

图3-11 井口固体消泡流程示意图及实物照片

2. 加注时机

气井起泡剂的加注时机取决于对井筒积液的判断，理论上当气井产气量低于临界携液流量时井筒开始积液，从预防井筒积液的角度，应在气井产气量低于其临界携液流量时开始加注起泡剂，表3-8为长庆气田气井临界携液流量计算的修正结果。在现场实施过程中还需要结合气井采气曲线变化及井筒实测结果进行综合判断。

表3-8　长庆气田不同井口油压、油管规格时气井临界携液流量

井口油压（MPa）	携液流量（m³/d）			
	76.0mm 油管	62.0mm 油管	50.7mm 油管	31.8mm 油管
1	8959	5218	3479	1919
2	12648	7366	4911	2709
4	17823	10381	6920	3817
6	21751	12668	8445	4657
8	25024	14574	9716	5357
10	27873	16234	10822	5965

3. 加注用量

气井起泡剂加注用量取决于两个因素，即井筒积液量及起泡剂加注浓度。加注量根据式（3-1）计算：

$$Q_{剂} = Q\zeta \quad (3-1)$$

式中　Q——井筒积液量，m³；

　　　$Q_{剂}$——起泡剂加注量，m³；

　　　ζ——推荐加注浓度，%。

对于首次加注的气井，加注量取正常加注量的2~3倍。

现场应用时，考虑井筒挂壁损失及注剂泵对药剂的黏度要求，需要对药剂进行清水稀释，稀释比例根据起泡剂黏度差异取值在1：4~1：10之间。

井筒积液量采用以下计算方法：

（1）关井油套压差法和采气动态曲线法积液量计算。

对无节流器井，油套压差为Δp时，其油管积液量计算式为：

$$Q = \Delta p V / \delta_{水} \quad (3-2)$$

式中　Q——积液量，m³；

　　　Δp——油套压差，MPa；

　　　$\delta_{水}$——静液柱压力梯度，MPa/100m；

　　　V——油管容积，m³/1000m。

（2）流压梯度测试法积液量计算。

对无节流器井，其积液量为：

$$Q = \frac{\pi d_{油内}^2 \lambda}{4}(H_{油} - h_{油界}) + \frac{\pi d_{套内}^2 \lambda}{4}(H - H_{油}) \quad (3-3)$$

对节流器上方积液井，其积液量为：

$$Q = \frac{\pi d_{油内}^2 \lambda}{4}(h_{节流器} - h_{油界}) \quad (3-4)$$

（3）回声仪测试法积液量计算。

$$Q = \frac{\pi (d_{套内}^2 - D_{油外}^2)\lambda}{4} h_{环界} \quad (3-5)$$

式中 $d_{套内}$——套管内径，m；

$D_{油外}$——油管外径，m；

$d_{油内}$——油管内径，m；

$h_{节流器}$——节流器坐封深度，m；

$h_{油界}$——油管内气液界面深度，m；

$h_{环界}$——油套环空内气液界面深度，m；

$H_{油}$——油管下深，m；

H——人工井底，m；

λ——压力系数，取 0.1~1.0。

泡排剂加注浓度通过室内实验测定。在设定实验条件下，进行不同浓度起泡剂携液率及发泡能力测试，当起泡剂加注浓度超过一定界限时，携液性能不再发生明显变化，综合考虑经济性因素，此时浓度即为该起泡剂的最佳加注浓度。如图 3-12，测试起泡剂的最佳加注浓度为 5‰~7‰。

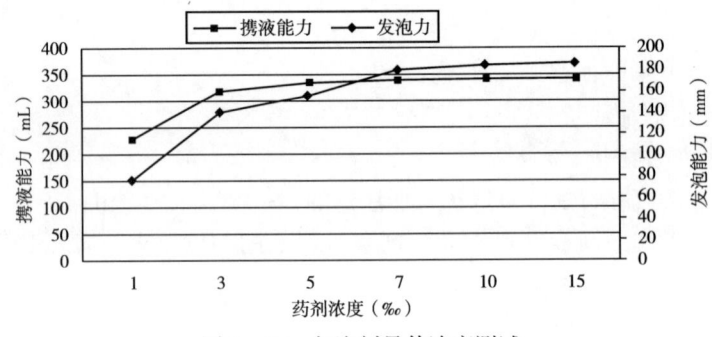

图 3-12 起泡剂最佳浓度测试

4. 加注周期

起泡剂加注周期根据气井类型、产水量和产气量等参数确定。长庆气田经验做法见表 3-9。

表 3-9 长庆气田起泡剂加注周期表

气井类型	产水量（m³/d）	产气量（10⁴m³/d）	加注周期
间歇生产井	—	—	开井前 1~2 小时加注
连续生产井	>30	—	连续加注
	<30	>0.5	5~10 天加注一次
		<0.5	2~5 天加注一次

四、应用实例

1. 苏 39-17 井

1）气井概况

苏 39-17 井开采层位为盒$_8$，无阻流量为 $10.6067 \times 10^4 m^3/d$，2002 年 10 月 12 日投产，投产前油套压均为 22MPa，配产 $3.0 \times 10^4 m^3/d$。开井后油套压差逐步增大，日产水量在 0.14~1.4m³。

2) 实施情况

苏 39-17 井 2009 年 4 月 16 日开始进行泡沫排水采气试验，起泡剂加注工艺见表 3-10。

表 3-10 苏 39-17 井起泡剂加注工艺

药剂选用	UT-8	加注用量（L/次）	100
加注方式	车载注剂泵油套环空加注	加注周期（d/次）	2
稀释比例	1:10	累计加注量（L）	3100（溶液）

3) 试验效果

该井 2009 年 4 月 16 日试验前，油压为 1.31MPa，套压为 5.97MPa，油套压差为 4.66MPa，日产气为 $0.2798\times10^4\mathrm{m}^3$；试验后油压为 1.20MPa，套压为 3.56MPa，油套压差为 1.86MPa，日产气 $0.5300\times10^4\mathrm{m}^3$；与试验前相比，油套压差减小了 2.80MPa，平均产气量增加 $0.25\times10^4\mathrm{m}^3$；气井生产平稳。采气曲线如图 3-13 所示。

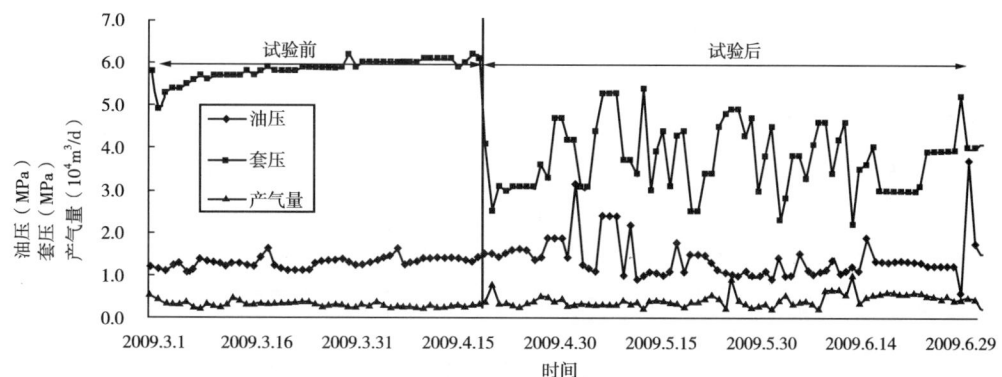

图 3-13 苏 39-17 井泡沫排水试验前后采气曲线

该井试验前后进行了压力梯度测试，如图 3-14 所示。

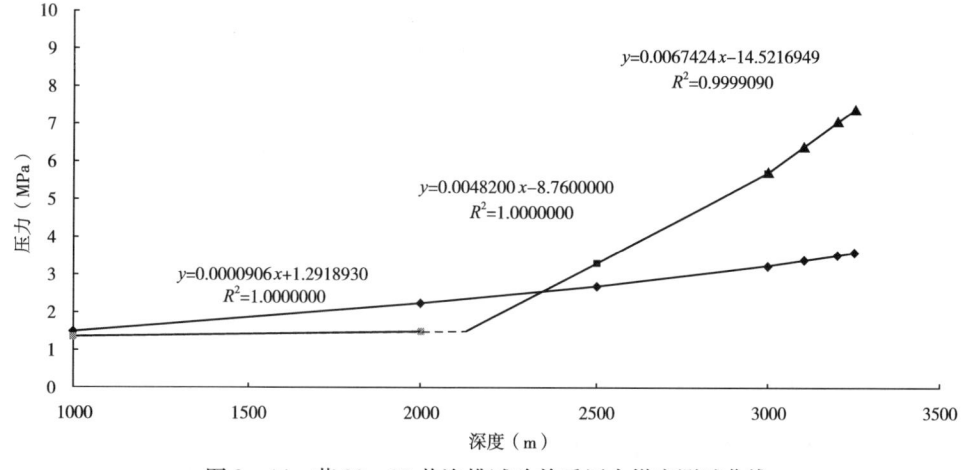

图 3-14 苏 39-17 井泡排试验前后压力梯度测试曲线

测试结果表明，试验前，2000m以下气—液混相密度较大，压力梯度测试曲线表现为3段。试验后，压力梯度曲线没有拐点，表井内积液已排出，对比两次测压结果，井筒压力损失减低了3.6MPa。

2. 苏东45-68井

1）气井概况

苏东45-68井开采层位为盒$_8$、山$_1$，无阻流量为$1.85\times10^4m^3/d$，2009年6月12日投产，投产前油套压均为21.5MPa，配产$1.0\times10^4m^3/d$。投产初期生产较为平稳，2011年4月该井出现套压上升、产气量下降的趋势，判断该井井筒积液。

2）实施情况

苏东45-68井2011年5月开始进行泡沫排水采气试验，起泡剂加注工艺见表3-11。

表3-11 苏东45-68井起泡剂加注工艺

药剂选用	UT-11C	加注用量（L/次）	150
加注方式	井口自动注剂装置油套环空加注	加注周期（d/次）	4
稀释比例	1:5	累计加注量（L）	8400（溶液）

3）试验效果

该井2011年5月30日试验前，油压为1.5MPa，套压为10.3MPa，油套压差为8.8MPa，日产气$0.35\times10^4m^3$；试验后平均油压为1.8MPa，套压为6.5MPa，油套压差为4.7MPa，日产气$0.51\times10^4m^3$；与试验前相比，油套压差减小了4.1MPa，平均产气量增加$0.16\times10^4m^3/d$；气井生产平稳。采气曲线如图3-15所示。

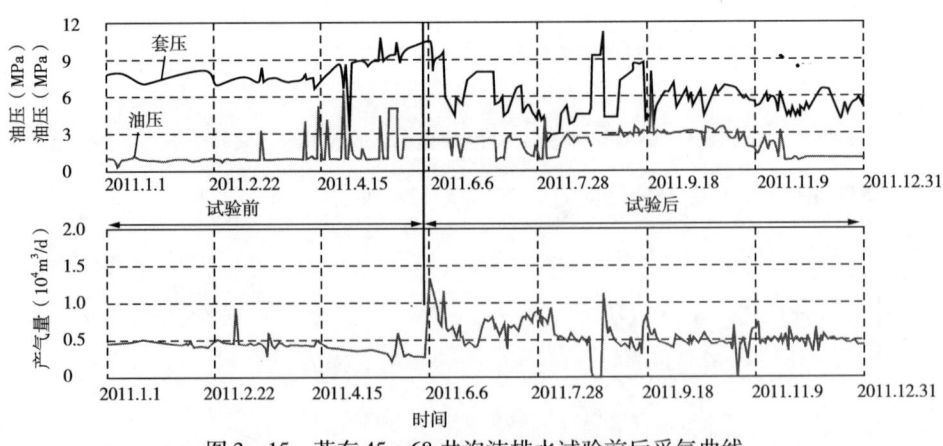

图3-15 苏东45-68井泡沫排水试验前后采气曲线

第二节 速度管柱排水采气技术

速度管柱排水采气是优选管柱的一种特殊形式，是针对有水气藏气井开采早期带水生产困难研究的一项自力式排水工艺，在气井产能较低、不能携液时，采用小尺寸的速度管柱排水采气提高气井排液能力。该技术具有安装不需压井、维护成本低、提高气井可采储量、最大限度地利用气藏进行排水采气稳定生产的显著特点。国外自20世纪90年代初在开始应用,在我国四川气田2003—2005年开始应用该技术,但操作设备及速度管均采用国外进口,由于经济成本过高使得该技术未能推广。2009年长庆油气区优选了 $\phi 38.1mm$ 速度管柱,研制了速度管柱悬挂密封装置、操作窗和配套工具,实现了整套设备国产化,大大降低了该技术的应用成本,在139口井应用,取得了良好效果,累计增产 $2.68 \times 10^8 m^3$,现已成为是低产气井排水采气的主体技术方向。

一、工艺原理

速度管柱排水采气是根据井筒两相流和临界携液流量理论,通过在采气井口悬挂 $\phi 38.1mm$ 等较小管径的连续油管作为生产管柱,降低临界携液流量,提高气井携液生产能力,达到排水采气目的[1]。工艺原理如图3-16所示。

速度管柱排水采气技术在国外应用较早,技术成熟,每年实施达1500井次以上,最大下入深度为6248.4m。国内,仅四川气田于2003—2005年采用进口速度管柱及配套技术累计进行了3口井试验。

2009年以来,长庆油田科技人员通过研发悬挂器、操作窗及速度管柱等关键设备和配套工具,实现了整套装置国产化,使综合成本较国外技术降低近50%,并最终形成了适合国内气田应用的速度管柱排水采气技术,并在长庆油田获得规模化应用。该技术采用不压井作业,对地层无伤害,充分利用气井自身能量排水,通过提高井筒中气体流速,实现积液气井的连续生产,降低了生产管理和现场操作成本,具有一次性投资,后期无需维护的特点,现已成为苏里格气田 $0.3 \times 10^4 m^3/d$ 以上积液气井排水采气主体技术之一,后期辅助泡排、气举等工艺,还可进一步的扩大该技术的应用范围。

1. 气井携液临界流量理论

1)高气液比井的临界携液流量

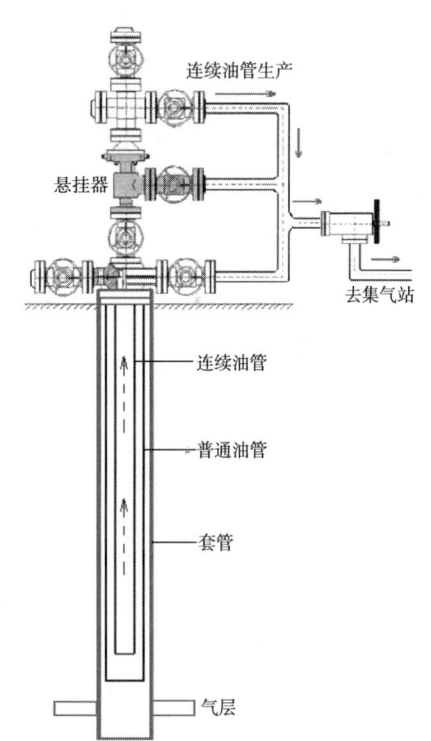

图3-16 速度管柱排水采气工艺原理示意图

Turner在研究携液流量时,认为在高气液比($GLR > 1367 m^3/m^3$)条件下,进入井筒内的液相一般以雾状流形式存在。在此条件下,Turner和Htlbbard提出了确定气井携液临界流速和临界流量的两种物理模型,即液膜模型和液滴模型[2]。液膜模型描述了液膜沿管壁的上升,计算比较复杂,液滴模型描述了高速气流中心夹带的液滴。这两种模型都是实际存在的,而且气流中夹带的液滴和管壁上的液膜之间将会不断交换,液膜下降最终又破碎成液滴。Turner等用矿场数据对这两个模型进行了检验,发现液滴模型更实用。

液滴在管流过程中,受到向下的重力和向上的气流拖曳力的共同作用。当滴处于相对静止状态悬浮于气井井筒中时,液滴在井筒中的沉降速度和气流对液滴的举升速度相等,即液滴的沉降重力与气体对液滴的曳力相等,于是得到能够携带液滴的最低气流速度为:

$$v_g = \left[\frac{4g(\rho_l - \rho_g)d_m}{3C_d P_g}\right]^{0.5} \qquad (3-6)$$

式中 v_g——气体携液临界流速，m/s；

ρ_l, ρ_g——液体、气体密度，kg/m³；

C_d——曳力系数，通常取 0.44；

d_m——液滴直径，m。

当实际气流速度大于该最低气流速度时，气流能够将液滴带出井筒；否则，液滴不能有效带出，将会集聚到井筒中。

此外，液滴自身在气流中同时受到两种力的作用；即使液滴破碎的惯性力和使液滴保持完整性的表面张力，韦伯数（Weber number）综合考虑了这些力的影响。当韦伯数超过 20~30 的临界值时，液滴将会破碎，取 30 为存在稳定液滴的极值，可得到最大液滴直径为：

$$d_m = 30\sigma/(\rho_g v_g^2) \qquad (3-7)$$

式中 σ——液滴表面张力，N/m。

将式（3-7）的 d_m 代入式（3-6），则得到携带最大液滴的最小气体流速为：

$$v_g = 5.5\left[\frac{\sigma(\rho_l - \rho_g)}{\rho_g^2}\right]^{0.25} \qquad (3-8)$$

气井的携液临界流量为：

$$Q_g = 2.5 \times 10^4 \frac{A p v_g}{ZT} \qquad (3-9)$$

式中 Q_g——气井携液临界流量，$10^4 m^3/d$；

T——井底温度，K；

Z——天然气压缩因子；

A——油管截面积，m²。

当气井产量 Q_{sc} 大于携液临界流量 Q_g 时，则能依靠足够的气流速度及时将自由水（包括流入井底的地层水和凝析水）自动携出，不会造成井底积液；否则，由于气流携带能力不足，将会有部分液滴逐渐集聚在井底造成积液。

为提高与现场实际数据的接近程度，Turner 等建议取 20% 的安全系数，则最小携液气流速度为：

$$v_g = 6.6\left[\frac{\sigma(\rho_l - \rho_g)}{\rho_g^2}\right]^{0.25} \qquad (3-10)$$

此外，西南石油大学李闽等认为液滴在运动过程中受压差作用呈椭球形，曳力系数 C_d 应取为 1，并在此基础上推导了新的连续携液临界流速公式[3]：

$$v_g = 2.5\left[\frac{\sigma(\rho_l - \rho_g)}{\rho_g^2}\right]^{0.25} \qquad (3-11)$$

曳力系数是雷诺数 Re 的函数，Turner 等推导的模型是将流体视为牛顿液体，即 $500 < Re < 2 \times 10^5$ 的情况下，将 C_d 取为 0.44 而推导出来的。

在 $Re = 2 \times 10^5$ 附近，流体进入向湍流转变的过渡状态。在 $Re = 3 \times 10^5$ 时达到了临界点，总的 C_d 从约 0.5 陡然下跌，在 $3 \times 10^5 < Re < 5 \times 10^6$ 的范围内，C_d 又缓慢上升，直至 C_d

又近乎常值[4,5]。为安全起见，将气井 $Re > 2 \times 10^5$ 情况下的拽力系数取为 $C_d = 0.2$，进而推导出气井的携液临界模型为：

$$v_g = 6.65 \left[\frac{\sigma(\rho_l - \rho_g)}{\rho_g^2} \right]^{0.25} \quad (3-12)$$

可见，式（3-12）与 Turner 调整后的模型式基本一致，差别在1%以下，是满足工程计算的需要的。这也从理论上解释了人们对液滴模型理论公式是否需要提高20%所产生的争议，使经典液滴模型在理论上得以完善。

2）低气液比井的临界携液流量

（1）确定原则。

当井筒内气液比低于 $1367m^3/m^3$ 时，井筒内流动不再是雾状，不能采用上述方法计算，因而也不能用实际产气量与上述方法计算出的临界携液产气量的对比来判断是否存在井筒积液。

当气井在低气液比的状态下生产时，井筒内气—液两相可能存在着各种不同的流态，流体的非均质性相当强。因此，在确定携液临界流量时，难以求得类似雾状流条件下两相实用的、严格的数学解析解。一般是从物理概念和基本方程出发，采用实验和无量纲分析方法得到描述某一特定两相管流过程的一些无量纲参数，然后根据试验资料得到经验关系式。以 Hagedorn–Brown 方法[6]（或考虑相态变化的 Hagedorn–Brown 方法）井筒压力计算方法为基础，对携液临界流量进行研究。

理论持液率是指在一定气体流速条件下一定井段内气流能够携带的最大液相体积与总的井筒体积之比，可利用 Hagedorn–Brown 方法（或考虑相态变化的 Hagedorn–Brown 方法）计算其值；实际持液率是指在一口实际生产气井中一定井段内液相体积与总的井筒体积之比。根据理论和实际持液率的定义，可以得出低气液比携液临界流量的确定原则为[7]：利用 Hagedorn–Brown 方法（或考虑相态变化的 Hagedorn–Brown 方法）井筒压力计算方法计算井筒各段的理论持液率和压力，然后根据井筒压力和气液比计算全井筒各段的实际持液率，并将各个井段的理论持液率和实际持液率绘制在同一图上进行比较；如果各段的理论持液率都大于实际持液率，则认为在该产气量条件下气井能够正常携液生产；否则就存在携液困难和井底积液。通过计算不同产气量条件下气井携液生产情况，找出的能够保证气井正常携液的最小产气量，就是低气液比的携液临界流量。

（2）计算方法。

① 理论持液率和井筒各段压力的计算。

Hagedorn–Brown 实验研究认为，理论持液率与4个无量纲参数有关，它们是液体速度数、气体速度数、管子直径数和液体黏度数，计算公式如式（3-13）~式（3-16），利用计算值通过查图可以得到理论持液率（H_L）。

求液体速度数 N_{LV}：

$$N_{LV} = 3.1775 \mu_{sL} \left(\frac{\rho_L}{\delta} \right)^{0.25} \quad (3-13)$$

求气体速度数 N_{gV}：

$$N_{gV} = 3.1775 \mu_{sg} \left(\frac{\rho_L}{\delta} \right)^{0.25} \quad (3-14)$$

求管子直径数 N_d：

$$N_d = 99.045d\left(\frac{\rho_L}{\delta}\right)^{0.5} \quad (3-15)$$

求液体黏度数 N_u：

$$N_u = 0.31471\mu_L\left(\frac{1}{\rho_L\delta^3}\right)^{0.25} \quad (3-16)$$

式中　μ_{sL}，μ_{sg}——液体、气体的黏度，mPa·s；

　　　ρ_L——液体密度，kg/m³。

在求出理论持液率之后，就可以计算气液混合物密度和井筒各段压力。

②实际持液率的计算。

在计算得到理论持液率和井筒各段的压力后，根据实际持液率的定义可推导出它的计算式：

$$H_{actual} = \frac{v_w}{v_w + GLR \cdot v_w\left(\frac{0.101325ZT}{293pZ_{sc}}\right)} = \frac{1}{1 + GLR \cdot \left(\frac{ZT}{2891.69pZ_{sc}}\right)} \quad (3-17)$$

③携液临界流量的确定。

计算出理论和实际持液率后，利用计算软件分别绘出二者与井深的关系曲线，如图3-17和图3-18所示。当井筒各段的理论持液率都大于实际持液率时，表明气井能够正常携液生产（图3-17）；反之则不能正常连续携液生产（图3-18）。然后逐渐减少气井产气量，计算并比较井筒各段的理论和实际持液率，直到找出能够保证气井正常携液的最低产气量，就是低气液比条件下的携液临界流量。

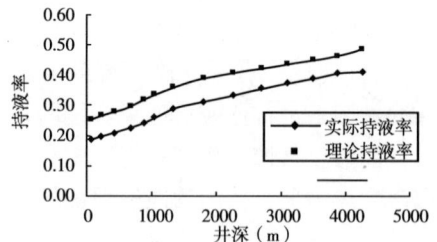

图3-17　井筒理论持液率与实际持液率曲线图（能携液生产）

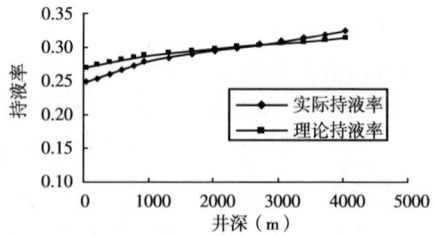

图3-18　井筒理论持液率与实际持液率曲线图（不能携液生产）

2. 管柱优选的影响因素

1）气井油管流动摩擦损失

天然气从井底流到井口，在油管柱中由于摩擦阻力引起压力损失。气井油管流动摩阻损失的大小主要取决于气井的产量、井底压力、井的深度及生产管柱的直径。若油管尺寸选择不当，气体在管柱中的流动摩阻损失太大，会严重影响气井产能的发挥。

对于定产量气井，流动摩阻随油管内径变大而减小；对于生产管柱确定的气井，气井管柱压降、流动摩阻随产气量变大而增大。

两相摩阻系数 f_m 采用 Jain 公式计算，即：

$$\frac{1}{f_m} = 1.14 - 2\lg\left(\frac{e}{D} + \frac{21.25}{Re_m^{0.9}}\right) \quad (3-18)$$

$$Re_m = \frac{\rho_{ns} v_m D}{\mu_m} \quad (3-19)$$

$$\mu_m = \mu_L^{H_L} \mu_g^{(1-H_L)} \quad (3-20)$$

式中 e ——绝对粗糙度,无量纲;
  D ——管子内径,m;
  Re_m ——混合物雷诺数,无量纲;
  ρ_{ns} ——无滑脱混合物密度,kg/m³;
  v_m ——混合物流速,m/s,$v_m = v_{sL} + v_{sg}$;
  μ_g, μ_L, μ_m ——气相、液相、混合物黏度,Pa·s;
  λ_L ——无滑脱持液率,$\lambda_L = v_{sL}/v_m$;
  H_L ——持液率,无量纲。

2) 气井油管抗气体冲蚀能力

高速流动的气体在金属表面上运动,在气体杂质机械磨损与腐蚀介质的共同作用下,会使油管腐蚀加速;同时,高速气体含有水蒸气,且流动不规则,使得气泡在金属表面不断产生和消失,气泡消失时,形成大压差,对靠近气泡的金属表面产生水锤作用,致使表面保护膜破裂,腐蚀继续深入。高速气体在管内流动时发生显著冲蚀作用的流速称为冲蚀流速。当气体速度低于冲蚀流速时,冲蚀不明显;当气体速度高于冲蚀流速时,油管柱产生明显的冲蚀,且随着流速的增高,冲蚀加剧,严重影响气井的安全生产。现场实践表明,气体流速高于 21.3m/s 时,冲蚀现象尤为严重。

气井油管抗气体冲蚀性能表明了油管在冲蚀临界流速约束下的日通过能力。要使气井油管不因为气体冲蚀而降低寿命,其产量不能大于相应管柱、流压和温度下的气体冲蚀流量。在同一流动温度、流动压力下,气体冲蚀临界流量随油管内径变大而增大。在同一油管内径下,气体冲蚀临界流量随流动压力的变大而变大。随着气藏的开发,气井流动压力降低,气井的冲蚀临界流量也降低。气井油管抗气体冲蚀流量计算公式为:

$$q_e = 5.164 \times 10^4 A \left(\frac{p}{ZT\gamma_g}\right)^{0.5} \quad (3-21)$$

式中 q_e ——冲蚀流速约束的油管流量,$10^4 m^3/d$;
  p ——油管流动压力,MPa;
  A ——油管横截面积,m²;
  γ_g ——天然气的相对密度,无量纲;
  T ——井筒内静止气柱的热力学温度,K;
  Z ——井筒内静止气柱的天然气偏差系数,无量纲。

3) 气井油管强度设计

为满足气井生产需要,应对油管的最佳钢级、壁厚和长度的组合进行优化设计。气井油管在井下受到温度、压力及腐蚀等各种因素的影响,因此,油管必须抗内压、抗外挤,不至于产生活塞效应、螺旋弯曲效应、膨胀效应和温度效应等。

由于油管在一般情况下的抗挤和抗内压强度较大,现场初步设计时主要考虑抗拉强度。管材拉力是由油管自重产生的,抗拉强度设计是油管下入深度设计的主要内容。速度管柱抗拉强度校核计算公式为:

$$\sigma_{\max} = \frac{W}{S} = \frac{4ql}{(r_o^2 - r_i^2)\pi} \leqslant \frac{[\sigma]}{\lambda} \quad (3-22)$$

式中　$\sigma_{\max}$——速度管柱最大抗拉强度,Pa;

　　　W——速度管柱总重量,N;

　　　S——速度管柱横截面积,m²;

　　　q——油管单位长度的重量,N/m;

　　　r_i,r_o——速度管柱内径、外径,m;

　　　l——速度管柱下入深度,m;

　　　$[\sigma]$——速度管柱许用应力,Pa;

　　　λ——安全系数,取1.50。

二、工艺设计

1. 适用条件

产水气井在气水产量较大的开采早期,两相流动的摩阻损失是主要矛盾,宜优选较大尺寸的油管生产。油管鞋处的对比流速大于1时,应采用大尺寸的油管生产;在气井产能较低、产水量较小的开采中后期,气—水两相流动的滑脱损失是主要矛盾,宜采用小尺寸的速度管柱排水采气,以确保气流通过自喷管柱时,有足够大的举液速度。此外,适用于速度管柱排水采气工艺的气井还需满足以下条件:

(1)实际日产量大于所选速度管柱的临界携液流量且小于油管抗气体冲蚀流量;

(2)原油管内径大于所选速度管柱的外径;

(3)井斜角小于30°;

(4)井筒通畅;

(5)井筒无出砂。

2. 技术方案

1)悬挂方式

实现速度管柱在采气树上的密封悬挂是速度管柱排水采气技术的核心。根据气井采气树现状,作业前拆除井口主阀上部采气树,在采气树主阀上部安装专用悬挂器悬挂速度管柱,作业时配套过渡操作窗完成卡瓦投放,生产时悬挂器和上部闸阀之间通过变径法兰连接。当速度管柱下到设计深度时,将其坐封于悬挂器上,拆掉操作窗、封井器及注入头,在悬挂器上部安装原闸阀及四通,恢复采气井口。图3-19为速度管柱悬挂示意图。

2)下入深度

根据速度管柱抗拉强度校核公式[式(3-22)],以确定速度管柱最大下入深度,有:

$$l \leqslant \frac{(r_o^2 - r_i^2)\pi}{4q\lambda}[\sigma] \quad (3-23)$$

采用上述公式计算出速度管柱最大下入深度后，还要根据气井井身结构、油管鞋深度、井下工具规格及深度、油补距、产层井段及排水采气要求，确定速度管柱具体下入深度。

对于原油管中下速度管柱，设计下入深度在水力锚以上 5~10m；对于未下油管、起出原油管及光油管完井的气井，设计下入深度在产层之上 10~15m。

3）打堵塞器方案

首选方案：将套管气引入速度管柱中，关闭套管闸阀，采用速度管柱与原油管环形空间生产，依靠速度管柱内部与堵塞器下部形成的压力差打掉堵塞器，根据堵塞器形式进行压差设计（压力差应达到 1.5MPa 以上）。

备选方案：将氮气车或天然气压缩机气举车与气井相连，向速度管柱中泵入氮气或天然气，打掉堵塞器。

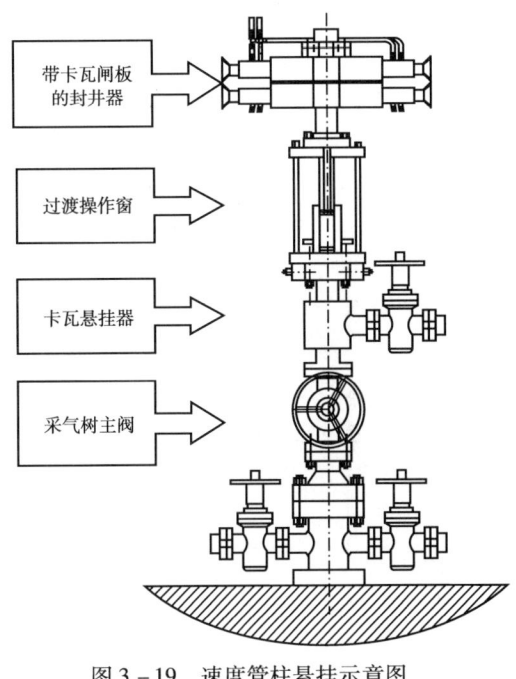

图 3-19 速度管柱悬挂示意图

4）采气方案

关闭 2 号和 5 号闸阀，天然气通过 8 号闸阀进站生产，保持原有定压生产方式不变。速度管柱安装及采气示意图如图 3-20 所示。

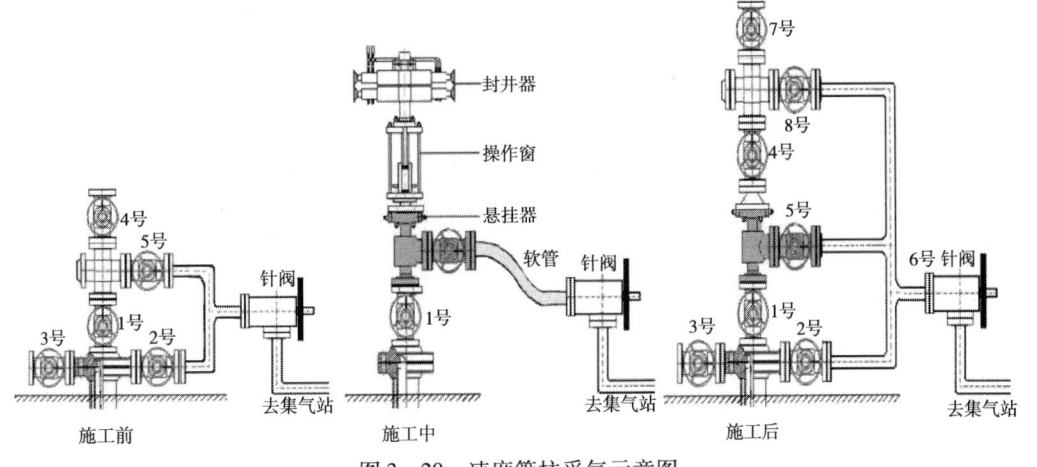

图 3-20 速度管柱采气示意图

5）作业方案

（1）作业前准备。

①采气树。井口闸阀不渗不漏，启闭灵活。井口压力表、流量计指示准确。

②材料准备。根据作业最大悬重、吊高，准备合适的起重设备 1 辆，要求指重显示良好。拉运并安装地锚，地锚不少于 3 个。要求地锚绳与地面角度小于 45°，直径大于 10mm。

准备施工后连接流程所需的闸阀、钢圈和螺栓。按照作业等级配备应急器材。

③速度管柱作业车。速度管柱作业车的检测、试运行按照使用说明的相关条款进行。

④通井、测液面。采用合适的通井规对气井通井，通井深度满足速度管柱下入深度。测试气井井筒液面高度，确认气井积液情况。

(2) 施工程序。

①摆放施工车辆。正确摆放速度管柱作业车，要求作业车中心轴线正对井口且距离为10~20m；吊车摆放于速度管柱作业车正对面或侧面，要求能够覆盖整个吊装作业。

卸下注入头并放置于距离速度管柱作业车尾部1m处，将鹅颈管安装于注入头上部。

②安装堵塞器。对速度管柱下入端部进行45°倒角处理后导入注入头中，启动速度管柱作业车，下入速度管柱至注入头以下300mm左右，尽量保证速度管柱垂直。

对底端速度管柱内壁进行打磨，打磨深度40mm，要求打磨内径与堵塞器外径适应。

在堵塞器上涂密封胶并凉置15min，确保密封胶成型，将堵塞器平稳缓慢地装入打磨好的速度管柱底端。

③拆卸井口。关闭1号主闸阀和生产针阀，泄去1号主闸阀与生产针阀间管线内的压力，拆下1号主闸阀以上装置及生产针阀与采气树之间的连接管。

④安装悬挂器。在1号主闸阀上安装已预置密封胶筒的速度管柱悬挂器，然后在悬挂器侧面的旁通上安装1个闸阀，要求闸阀与套管闸阀保持平行且方向一致。

⑤安装操作窗、防喷器、注入头。在悬挂器上部依次安装操作窗、防喷器和穿好绷绳的注入头，用吊车平稳吊住注入头，用预制的4根立柱支撑注入头，保证注入头稳定牢固。

连接地锚与绷绳，调整绷绳拉力并使注入头正对速度管柱作业车。

⑥检查悬挂器密封胶筒密封性。对井口安装的装置试压试漏后，将速度管柱计数器清零，打开1号主闸阀，下入60~100m的速度管柱，拧紧悬挂器上的密封顶丝密封速度管柱，观察操作窗上的压力表，检查悬挂器密封性；密封不严时，进行重新密封。

⑦下入速度管柱。下管过程中，前50m要求下入速度小于5m/min，之后缓慢提升下管速度并控制在20m/min以内，复杂井段或到达预定深度前50m将速度降至10m/min以下。

速度管柱下管过程中，速度管柱内压力突然升高或缓慢增大到油管压力值，证明堵塞器已失效，应起出速度管柱重新安装堵塞器，重复上述下管程序。

下管过程中，在不同的井深位置校核悬重，根据悬重变化情况，调节内张、外张和驱动压力，确保下管速度可控。

⑧速度管柱悬挂。泄去悬挂器以上装置内的压力，打开操作窗，在悬挂器卡瓦座上投放卡瓦，关闭操作窗。

打开悬挂器密封顶丝，缓慢下入速度管柱200mm，以0.2~0.5tf载荷缓慢递减注入头夹持力，夹持力降为0且速度管柱无下移时表明速度管柱已悬挂。悬挂不成功，应解卡后重新悬挂。

⑨速度管柱剪管。拧紧密封顶丝密封速度管柱，确认速度管柱环形空间无气体泄漏，对悬挂器上部泄压后，利用防喷器剪切闸板剪断速度管柱，依次拆卸注入头、防喷器和操作窗，在悬挂器之上380~400mm的位置处用割管器剪断速度管柱。

⑩安装卡瓦固定器。在悬挂器卡瓦上安装固定器进一步加固卡瓦，防止卡瓦活动失效。

安装井口：在悬挂器上安装转换法兰，按照生产流程设计要求安装原拆卸井口，并将井口生产闸阀与生产针阀连接，检查安装井口的密封性。安装后 1 号主闸阀必须为常开状态，应悬挂禁止操作的标识牌。速度管柱安装前后如图 3-20 所示。

打堵塞器：采用速度管柱和普通油管的环空生产，利用生产时堵塞器上下方的压差将堵塞器打落至井底。

气井开井：关闭套管闸阀及速度管柱与油管的环形空间闸阀，打开速度管柱生产闸阀，并缓慢开启生产针阀，采用速度管柱进行排液生产。

气井开井初期，如压力过高，通过速度管柱不能开井时，可采用速度管柱、速度管柱与油管的环形空间同时生产，当气井完全开启后，关闭小环空转为速度管柱排液生产。

三、作业设备及配套装置

1. 作业设备

辅助系统的连续油管作业机可进行速度管柱的起下，其设备至少应包括注入头、鹅颈管、注入头支架、注入头提升机构、动力部分、速度管柱滚筒、控制室、数据采集系统。

1）注入头

注入头的主要功能是实现速度管柱的下入和起出。它主要由驱动链系统、牵引系统、张紧系统、液压驱动系统、制动系统、指重仪、深度计数系统等组成。

注入头的提升能力应是最大预测负荷的 140%，而注入能力则是预测最大负荷的 120%。

2）鹅颈管

鹅颈管的主要功能是引导速度管柱进入注入头。它主要由固定和支撑系统、导向系统组成。

3）注入头支架

该设备通常用于无井架操作系统，它能承受在正常操作状态下所产生的动载、静载和弯曲应力。系统的工作极限必须符合设计要求，当速度管柱向工作平台传递载荷时，在设计中必须考虑注入头的最大提升力和下推力的大小。

4）注入头提升机构

借助注入头提升机构能对注入头、井控设备和其他连接设别进行单独操作。该提升机构的负载能力至少大于位于快速接头上部的注入头总成质量，再加上预计底部钻具组合（BHA）的最大质量和打开快速接头所需压力总和的 130%。

5）动力部分

动力系统能为连续油管作业机工作提供足够的动力，通过它可单独调节和预先设定施加在注入头上的最大提升力和最大下推力的大小。

6）速度管柱滚筒

速度管柱下井作业前，应将其整齐地盘绕在速度管柱滚筒上。为防止速度管柱产生应力集中现象，要求滚筒直径至少是速度管柱直径的 48 倍。同时还需配备自动刹车系统，可在液压动力失效的情况下实现自动刹车。

7）控制室

控制室的设计应符合人体工学原理及相关规定要求，能方便地进行各种必要的控制操作和设备监测。

8)数据采集系统

数据采集系统显示和记录作业过程中相关参数的变化过程，同时可在现场进行实时数据分析。

2. 速度管柱配套装置及其工作原理

1)配套装置

速度管柱下入作业时所需的配套装置主要包括过渡操作窗、井口悬挂器、堵塞器、固定器、变径法兰。

（1）操作窗。

操作窗的功能是进行悬挂器卡瓦投放和速度管柱切管等操作，同时还可借助操作窗上的压力表进行悬挂器密封性检验。

该装置由上法兰、活塞、上密封区、操作手柄、外筒、下密封区、下法兰和大螺栓组成。中心部分由连接套和活塞套通过螺纹连接；"O"形密封圈密封，通过大螺栓连接上、下法兰组成。活塞套能上提，便于投放卡瓦和剪断速度管柱作业。大螺栓必须能支撑井口之上防喷系统和注入头等部件的重量，这是该装置的关键部件之一。

（2）悬挂器。

悬挂器是整个装置中的核心部分，它主要有3个功能，第一利用卡瓦悬挂速度管柱；第二借助内置胶筒的压缩变形密封速度管柱；第三下管作业时通过侧面的旁通通道降压生产。

该装置主要由三通本体和连接在本体上的顶丝、顶丝套、压环、密封胶筒、压圈、压筒固紧而成。

①悬挂器三通。

气井内介质一般含硫化氢、二氧化碳、盐和碱等腐蚀性介质，故要求悬挂器三通有足够的强度，外形尺寸符合 GB/T 22513—2008《石油天然气工业钻井和采油设备井口装置和采油树》中的三通标准，以便与标准作业井口快速连接。

天然气、水等介质通过悬挂器的主通径产出。悬挂器侧面开有旁通通道，下管作业时，天然气、水等介质通过悬挂器的此旁通通道产出，以降低气井井筒中的压力。

②悬挂器密封胶筒。

顶丝通过一个斜面结构件压紧密封胶筒实现井口密封，故要求密封胶筒具有足够的耐磨性。悬挂器密封胶筒采用中空柱形的结构，满足悬挂器三通与速度管柱环形空间的密封要求。

③悬挂器卡瓦。

卡瓦采用力学自锁角原理设计成圆锥楔面，由两块组成，中空部为螺旋状形齿槽，内表面经过渗碳处理，以使其具有足够的韧性抗变形。要求自锁角设计适当，可在管子自重作用下，自锁管子，且解除自锁力量小。

（3）堵塞器。

堵塞器的功能是防止下管作业时井筒中的气体沿着速度管柱上行。下管结束后，打掉堵塞器至井底，井筒中的气体沿着速度管柱上行，从而被采出。

堵塞器由带密封槽的铝制本体和安装在其上的"O"形密封圈组成，端面加装铜垫。随着速度管柱下井深度的增加，井底压力升高，气体对堵塞器的上顶力逐渐增大，密封性得到进一步增强。

（4）固定器。

固定器的功能是固定主卡瓦，防止速度管柱所受上顶力致使主卡瓦松动，同时自身所带的小卡瓦还具有辅助悬挂速度管柱的作用。

固定器由卡瓦座套、卡瓦和拧紧套组成。拧紧套有螺纹孔，接专用手柄拧紧各部件。卡瓦均分成两块，中空部为螺旋状形齿槽，便于容纳入变径法兰中。固定器卡瓦与主卡瓦一样，采用圆锥楔面，角度设计成适当的自锁角，可在管子自重下自锁管子，解除自锁力量很小。安装时用压帽压紧卡瓦，卡瓦座尽量靠近主卡瓦。

（5）变径法兰。

由于悬挂器尺寸特殊，无法与采气树上的闸阀直接相连接，故需用变径法兰作为过渡。变径法兰下部与悬挂器的上法兰相连，变径法兰上部连接采气树闸阀。

2）整套装置的工作原理

当速度管柱下至预定井深后，启动悬挂器顶丝，通过胶筒的压缩变形密封速度管柱与油管的环空空间，利用防喷接头放空悬挂器上部气体。打开操作窗的连接套，从窗口处把一对卡瓦对称地投放到悬挂器内，用注入头控制速度管柱缓慢下行，利用速度管柱本身的自重使其坐放在悬挂器的卡瓦座上。拆除操作窗及以上的设备，恢复原有井口采气树。至此，速度管柱的下入作业完毕。

四、现场应用实例

2009年以来，速度管柱排水采气技术在苏里格气田已累计应用84口井，平均油套压差降低3.9MPa，平均单井增产$0.47 \times 10^4 m^3/d$，累计增产$2.23 \times 10^8 m^3$，解决了苏里格气田产气量$0.3 \times 10^4 m^3/d$以上积液气井排水采气问题。

1. 苏6-12-3井

1）气井生产概况

苏6-12-3井2007年10月投产，投产前套压为23MPa，随着生产的延续，套压、日产气量均出现下降。2009年9月至2010年5月，套压在10MPa左右呈锯齿状波动，之后套压出现上升趋势，井底存在积液。应用速度管柱生产前油压为1.2MPa，套压为12.0MPa，日产气量为$0.50 \times 10^4 m^3$，采气曲线如图3-21所示。

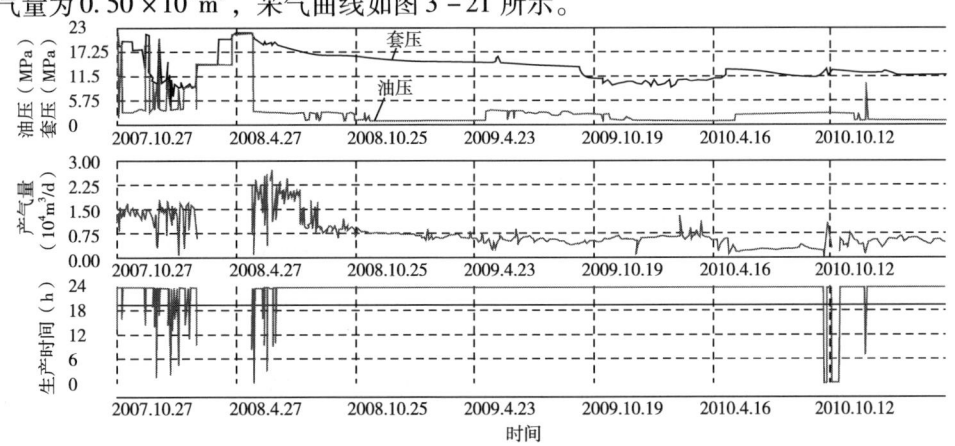

图3-21 苏6-12-3井应用速度管柱前采气曲线图

2) 应用效果

2011年6月12日完成了速度管柱悬挂作业,下深为3300m,之后打掉速度管柱中的堵塞器,7月13日开井生产,油套压差降低9.4MPa,日产气量增加$0.52 \times 10^4 m^3$,增幅达100%(表3-12)。从图3-22中可以看出,应用速度管柱生产后,气井油套压差明显减小且保持平稳,产气量增幅显著,实现了气井连续携液生产,排水采气效果良好。

表3-12 苏6-12-3井应用速度管柱前后生产数据对比

生产阶段	油压(MPa)	套压(MPa)	压差(MPa)	日产气量($10^4 m^3$)
普通油管生产	1.2	12.0	10.8	0.50
速度管柱生产	2.3	3.7	1.4	1.02

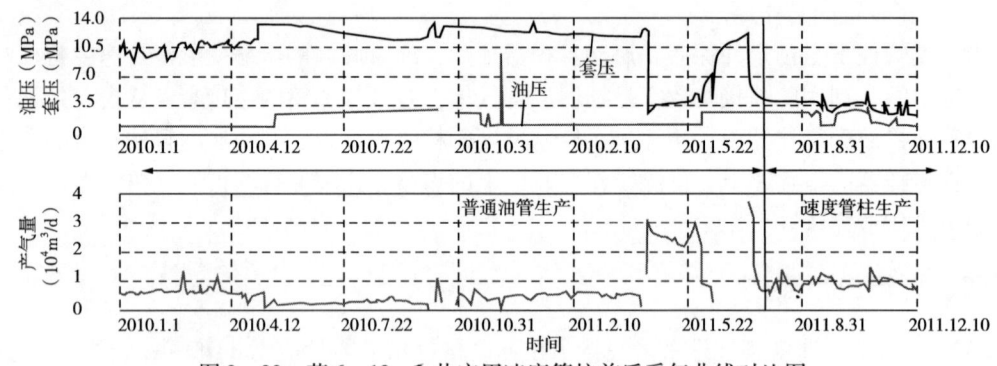

图3-22 苏6-12-3井应用速度管柱前后采气曲线对比图

2. 苏48-18-76井

1)气井生产概况

苏48-18-76井2008年12月投产,投产前套压为24MPa,初期日产气量为$1.12 \times 10^4 m^3$;2010年5月至7月,套压出现波动上升的趋势,产气量有所降低,表明井底存在积液。应用速度管柱前油压为2.8MPa,套压为9.8MPa,日产气量为$0.82 \times 10^4 m^3$,采气曲线如图3-23所示。

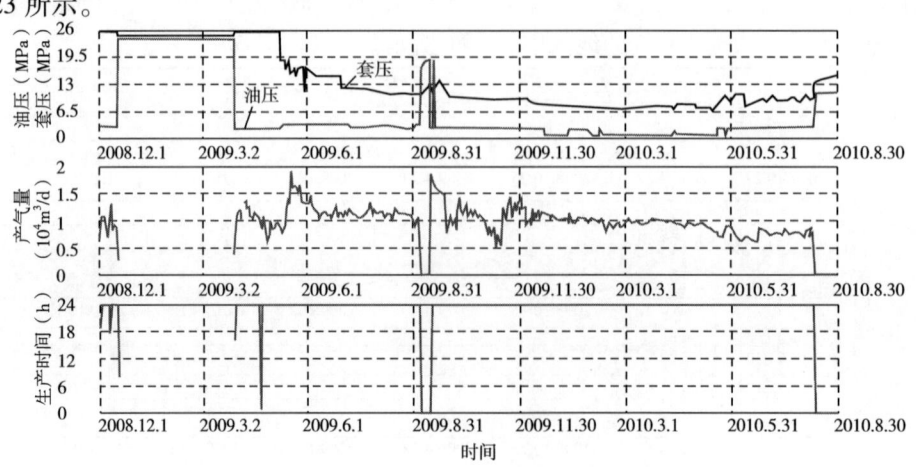

图3-23 苏48-18-76井应用速度管柱前采气曲线图

2）应用效果

2010年11月10日完成了速度管柱悬挂作业，下深为3550m，之后打掉速度管柱中的堵塞器，11月18日开井生产。从表3-13、图3-24可以看出，应用速度管柱后日产气量达$1.25 \times 10^4 m^3/d$，增幅为52.4%；油套压差降至1.5MPa，降幅为79%，截至2013年底已累计增产气量$371.51 \times 10^4 m^3$，气井携液能力提高明显，生产状况得到改善。

表3-13 苏48-18-76井应用速度管柱前后生产数据对比表

生产阶段	油压（MPa）	套压（MPa）	压差（MPa）	日产气量（$10^4 m^3$）
普通油管生产	2.8	9.8	7.0	0.82
速度管柱生产	2.0	3.5	1.5	1.25

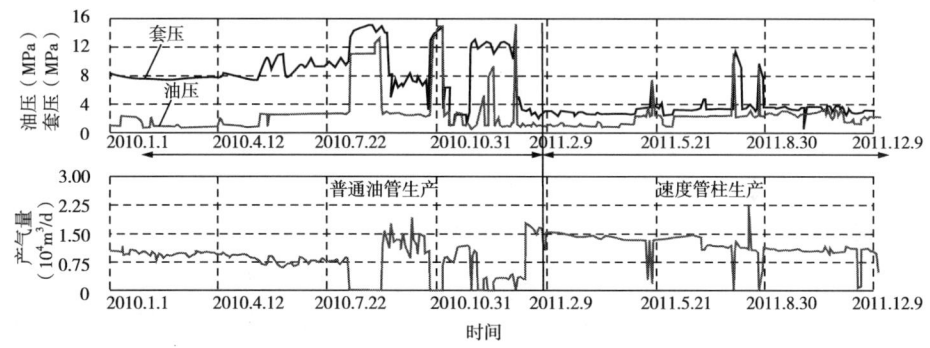

图3-24 苏48-18-76井应用速度管柱前后采气曲线对比图

3. 苏东41-64井

1）气井生产概况

苏东41-64井2009年12月5日投产，投产前套压为21MPa，该井投产以后，套压下降较快，2011年6月过后，套压呈波动上升趋势，同时日产气量出现波动，由此判断该气井存在一定积液。应用速度管柱前产气量为$0.51 \times 10^4 m^3/d$，油压为2.7MPa，套压为7.1MPa，采气曲线如图3-25所示。

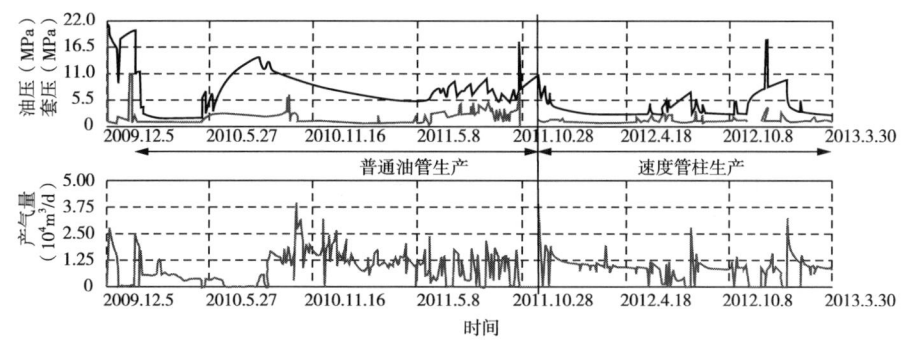

图3-25 苏东41-64井应用速度管柱前后采气曲线图

2) 应用效果

2011年10月22日完成了速度管柱悬挂作业，下深为2870m，之后打掉速度管柱中的堵塞器，11月18日开井生产。从表3–14、图3–25可以看出，应用速度管柱后日产气量达$1.15\times10^4m^3$，油套压差降至2.2MPa，气井携液能力提高明显，生产状况得到改善。

表3–14　苏东41–64井应用速度管柱前后生产数据对比表

生产阶段	油压（MPa）	套压（MPa）	压差（MPa）	日产气量（10^4m^3）
普通油管生产	2.7	7.1	4.4	0.51
速度管柱生产	1.8	4.0	2.2	1.15

第三节　柱塞气举排水采气技术

柱塞气举技术具有安装维护方便、排液效率高、智能化水平高、适用范围广、经济效益显著等特点，被北美各大石油天然气公司作为低产气井排水采气的主要手段而广泛应用，现已成为全球低产致密气田排水采气重要技术之一。长庆油田公司针对低压、低渗、低丰度的"三低"致密气藏特点，2009年以来引进柱塞气举排水采气技术，在苏里格气田现场试验50口井，建立了苏6井区、苏48井区两个柱塞气举排水采气技术示范区，单井增产幅度达到40%，增产效果显著；2013年开发了国产柱塞气举装置和远程控制系统，打破了国外技术垄断，使应用成本降低了60%，装置性能稳定可靠，控制系统可根据气井压力、产气量和产水量等变化，对气举工艺参数进行诊断、分析、优化，实现了柱塞气举排水采气技术远程智能化管理。

一、柱塞气举排水采气机理

1. 工艺原理

柱塞气举排水采气技术是在油管内投放柱塞作为气—液机械封隔界面，充分利用气井自身能量推动柱塞将液体带出井筒，实现周期性举液，有效防止气体上窜和液体滑脱，提高举升效率。

2. 工艺过程及特点

柱塞气举是一个周期循环的过程，如图3–26所示，一个运行周期可分为3个阶段：(1) 上升阶段，是指柱塞开始向上运动到液体段塞完全进入生产管线的这一段时间[图3–26（a），(b)]；(2) 气井续流阶段，是指液体段塞完全进入生产管线后，气井继续开井生产的阶段[图3–26（c）]；(3) 柱塞下降和压力恢复阶段，是指在气井续流之后将气井关闭和柱塞从井口下降到井底，直到柱塞的下一个周期打开气井为止[图3–26（d），(e)]。图3–26说明柱塞气举各个运行阶段的油压与套压变化情况。

(1) 地面控制器控制气动薄膜阀打开，生产管线畅通，套管气和进入井筒内的地层气向油管膨胀，到达柱塞下面，推动柱塞及上部液体离开卡定器开始上升，直到柱塞到达井口。开井后,气体从井口产出,油压迅速降低,柱塞逐渐加速上升;同时套管气体进入油管举升柱塞,套压下降。

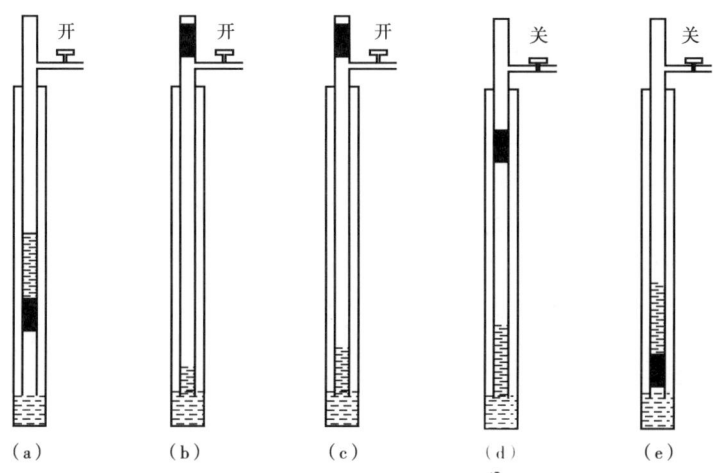

图 3-26　柱塞举升循环过程示意图

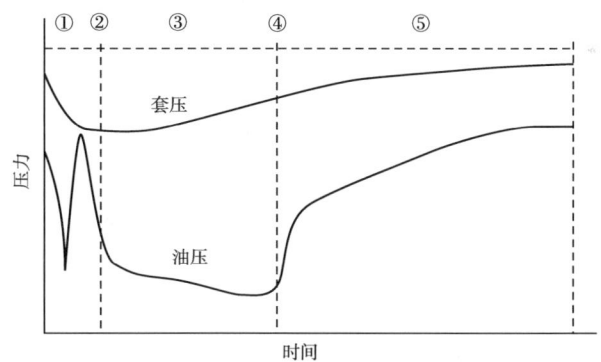

图 3-27　柱塞举升井口油压与套压变化示意图

（2）环空套压迫使柱塞及柱塞以上的液体继续上行,液体到达井口后,由于控制阀节流,油压又开始增加;当柱塞到达井口后,油压会继续增加,套压降到最小值。

（3）柱塞停在井口防喷管捕捉器内,气体流速开始降低,液体在井底不断聚积,套管压力升高,井口油压下降。

（4）地面控制器控制气动薄膜阀关闭,柱塞依靠自重从井口开始下落。

（5）柱塞下落到达井下卡定器位置处,撞击卡定器的缓冲弹簧,液面通过柱塞与油管的间隙上升至柱塞以上聚积。地层气体和液体进入井筒,井口油压与套压不断升高,套管压力恢复上升到预定值进入下一周期。

柱塞器气举排水采气工艺具有以下特点:
（1）排水效率高,将柱塞作为气—液界面,有效防止气体上窜和液体滑脱;
（2）自动化程度高,减轻员工操作强度,便于数字化管理;
（3）利用气井自身能量工作,不需要外接电源和气源;

(4) 具有安全环保、节能的特点。

3. 适用条件

柱塞气举排水采气工艺适用于由于地层压力降低、产能降低等原因造成井底积液或间歇生产的气井,结合长庆气田生产情况,通过适用性分析,总结出柱塞气举排水采气适用条件:

(1) 气井具有一定产能;
(2) 气水比不小于 $2000m^3/m^3$;
(3) 最大产水量不大于 $20m^3/d$;
(4) 井筒内无腐蚀穿孔、油管内壁光滑畅通;
(5) 长期关井后套压不小于 3.5MPa。

二、配套装置

柱塞气举装置由井下装置和地面装置组成,图 3-28 是典型的柱塞气举装置。

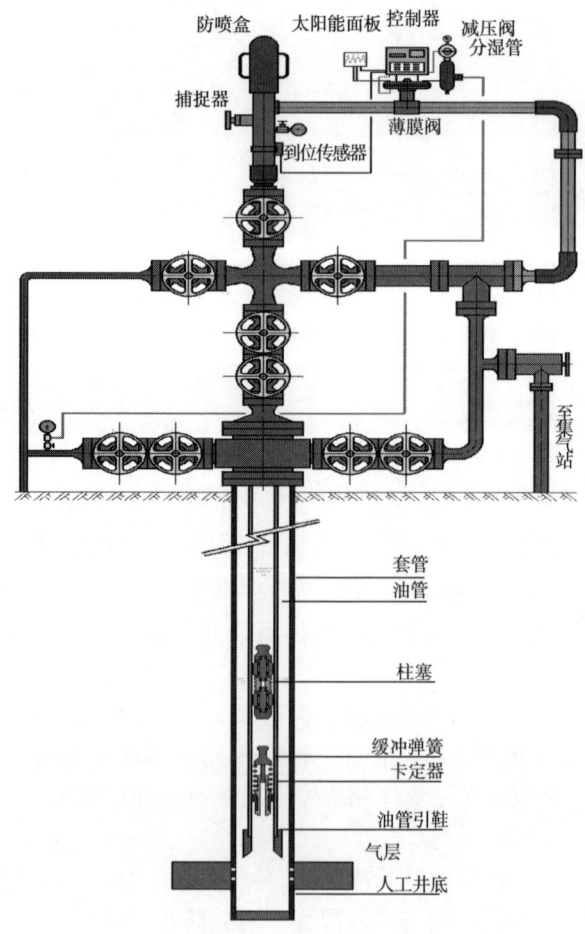

图 3-28 柱塞气举排水采气示意图

1. 井下装置

柱塞气举设备的井下装置包括柱塞、卡定器、井下缓冲器。

1）柱塞

柱塞是整个系统中活动最频繁的部件，对材质要求较高。柱塞工作特性包括3个方面：（1）要求柱塞在井筒内上下运行时通畅；（2）柱塞在上行过程中与油管之间有良好的密封性；（3）柱塞有良好的耐磨性、抗冲击性能。

柱塞类型非常多，具体类型可达数十种之多，但常用的总体上可分为三大类，即衬垫式柱塞、柱状式柱塞和刷式柱塞。主要技术参数及实物图见表3–15、图3–29。在现场应用中，针对不同气量气井和气井油管状况、气井出砂等情况进行细化选择应用。

表3–15 常用柱塞主要技术参数表

柱塞类型	参数	适用油管尺寸（in）			适用条件
		2⅜	2⅞	3½	
衬垫式柱塞	总长（mm）	254	482	482	适用于气液比大于1000m³/m³的低气液比井，能够有效形成密封，防止积液滑脱；不适合出砂气井
	伸展外径（mm）	51.3	61.5	68.5	
	收缩外径（mm）	47.6	55.5	65.2	
柱状柱塞	总长（mm）	254	482	482	适于气液比大于2000m³/m³的高气液比井中，有助于清除井筒中的锈垢、盐或石蜡
	最大外径（mm）	48.5	59.5	71.1	
刷式柱塞	总长（mm）	254	480	—	适用于出砂气井，也可用于油管不规则和损伤井
	最大外径（mm）	48.5	59.5	—	

(a) 衬垫式柱塞　　(b) 刷式柱塞　　(c) 柱状柱塞

图3–29 各类柱塞实物图

(1) 衬垫式柱塞。

衬垫式柱塞也叫弹簧片柱塞，在其本体中部装有几组可自由伸缩的衬垫。该类柱塞在井筒内运行时，独特的衬垫设计可使该柱塞在一定范围内自动伸缩（自动变径），保持紧贴井壁，产生持续、紧密的密封效果。该类柱塞是所有柱塞种类中效率最高的一种，通常在低压低产小水量气井可体现较好的应用效果。但由于该类柱塞活动组件多，容易被井筒中的压裂砂、地层砂等杂质阻塞，失去自动伸缩功能，从而卡在井筒中。因此，该类柱塞在应用中要求井筒清洁无杂质。

(2) 刷式柱塞。

刷式柱塞中部有一个螺旋加工、柔性尼龙刷子部件，当该柱塞在井筒内运行时尼龙刷可容纳部分外来杂质。刷式柱塞可以高效清洁井筒中产生的砂、盐和炭粉颗粒物。尼龙刷部件外径较柱塞本体稍大，可与油管形成良好密封，提高系统举升效率。当尼龙刷部分发生磨损时，更换尼龙刷部分即可。刷式柱塞适用于低压气井、油管不规则井、出砂或出盐结垢井以及需要高效密封的气井。

(3) 柱状柱塞。

柱状柱塞是一种简单、安全、有效的柱塞类型，通常由整块钢材一体化加工制造。在柱状柱塞本体中部表面开有数个一定深度和宽度的紊流槽，当气液通过时，可形成气—液混相密封。

该类柱塞适用于气液比较高的气井或油井使用，对于井筒内壁产生的蜡、盐、垢具有清洁作用。拥有廉价、耐磨、无维护成本、允许井筒内存在微量砂等优点。

2) 卡定器及缓冲器

卡定器主要是用于限制和定位柱塞在井筒内运行的最大深度。通常卡定器的下入位置是越接近气层中深越好，这样可以保证柱塞气举工艺运行时，井筒内液位保持最低位。目前国内外常用的卡定器有卡瓦式、节箍式和预制式。个别厂家也将卡定器与缓冲器合为一体，一趟下入井筒。

缓冲器安装在卡定器上方，主要作用是缓冲柱塞下落到井底时的冲击力。缓冲器下端有能抓住卡定器的套爪。一些缓冲器采用外表胶筒密封＋内部单流阀的设计，具备积液保持功能（图3-30）。

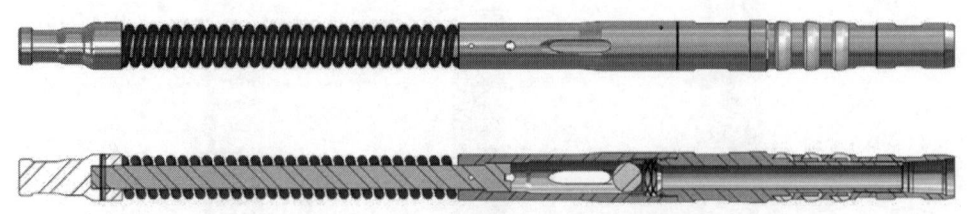

图3-30 缓冲器

2. 地面设备

柱塞气举地面设备包括防喷总成、柱塞捕捉器、柱塞控制器、柱塞到位传感器、气动薄膜阀、太阳能面板和调压总成等（图3–31）。

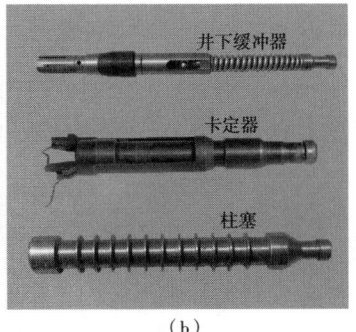

图3–31 柱塞气举地面设备示意图

1）防喷总成

防喷总成主要由防喷管、压帽、缓冲弹簧和撞击块组成。防喷总成安装在测试闸阀之上。防喷管内缓冲弹簧及撞击块的作用是缓冲柱塞到达井口时所产生的冲击力（图3–32）。

防喷管本体除缓冲、防喷功能外，还可为检查柱塞时提供容纳的空间，方便柱塞取出检查。

2）柱塞捕捉器

柱塞捕捉器采用弹簧伸缩机构设计，在柱塞运行时保持打开状态，当需要取出柱塞检查时，将该捕捉器关闭，即可在柱塞到达井口后捕捉住并取出柱塞，节省了额外的钢丝作业打捞费用。也有一些低产的气井在续流时不足以支持柱塞停留在井口，可使用一种自动捕捉器，在每次柱塞到达井口后捕捉住柱塞，关井后释放柱塞落回井底，辅助柱塞气举系统运行。

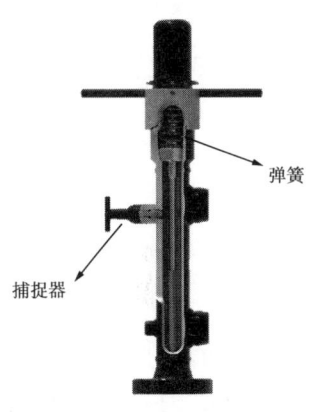

图3–32 防喷总成

3）柱塞控制器

柱塞控制器的主要功能是控制开关井的时机，是整个柱塞气举控制系统的决策机构。可依据时间、柱塞运行速度、套压、差压和流量等参数变化规律来判断合理开关井时机。控制器的执行机构通常是一个微型电磁阀，通过是否供给气动薄膜阀气源来实现气井开关井的操作（图3–33）。

图3–33 柱塞控制器

常见的控制模式有定时开关井模式、时间自动优化模式、套压自动优化模式。

（1）定时开关井模式。定时开关井模式是通过时间计时器，人为设定固定的开关井时间来执行定时开关井制度。

（2）时间自动优化模式。通过检测柱塞到达井口的时间，然后与该井计算的最佳到达时间对比，系统自动判断需要延长开井时间或关井时间，如果未检测到柱塞到达井口，还将设置额外时间关井。只需初期设置好参数，后面控制盒将在一段时间后将井调试到最优化状态，并且会自动根据井况变化做出制度调整。该模式中，柱塞到位传感器必须拥有较高的可靠性。图3-34为时间自动优化逻辑图。

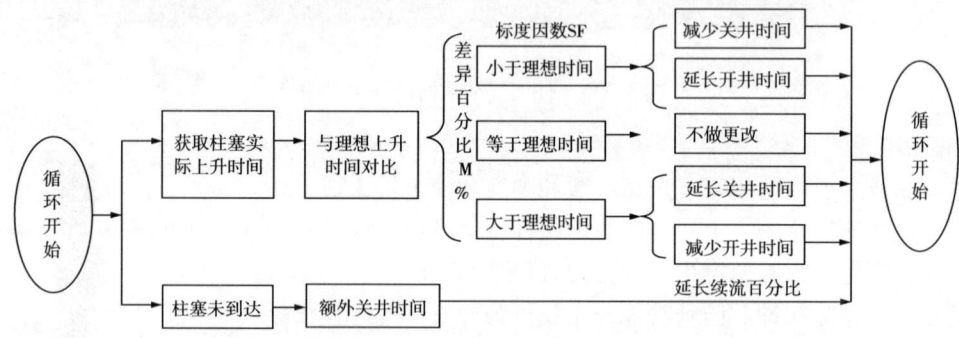

图3-34 时间自动优化逻辑图

（3）套压自动优化模式。气井开井生产后，套压会一直下降，当井底逐步产生积液时，套压会有逐步升高的趋势。该模式就是以这种气井开井后套压与井筒积液的变化规律为依据，在开井过程中实时监测套压变化情况，自动寻找最佳的关井时机。具体过程为：气井开井生产后，持续监测套压变化，找到套压最小值，然后当套压升高到设定值时，自动执行关井操作。开井过程是通过监测套压升高到设定值时，执行开井操作（图3-35）。

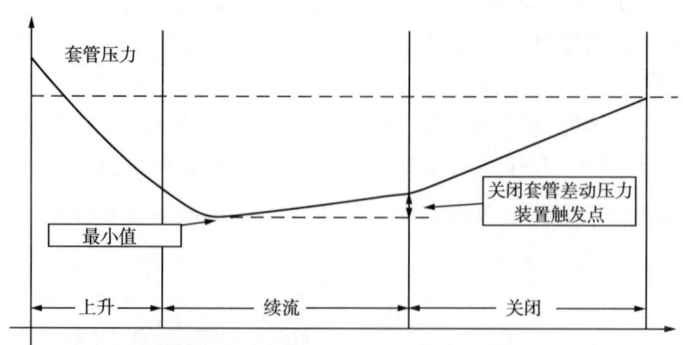

图3-35 套压自动优化模式示意图

该模式适用于油套管连通性较好，且关井后压力恢复速度大于0.5MPa/h的气井，对于输压变化具有较强自动调整、适应能力，可大幅降低人工调参工作量。

4）柱塞到位传感器

到位传感器的作用是感应柱塞到达井口并将电脉冲信号传达给控制器，用以辅助判断。常见的到位传感器采用监测磁通量变化来实现感应柱塞是否到达井口，结合控制器的时间计时器和气井深度，即可得到柱塞到达时间和，从而计算出柱塞在井筒内的运行速度，为柱塞运行参数优化提供重要依据。

5）气动薄膜阀

气动薄膜阀是整套柱塞气举系统开关井操作的执行者，通常使用气开阀，气源压力在 0.2~0.4MPa 左右。主要操作过程：控制器通过是否向气动薄膜阀提供供气，从而实现气动薄膜阀的开启和关闭状态控制，以便控制柱塞的上下运行（图 3-36）。

三、柱塞气举动力学数学模型

为预测柱塞气举的周期特性及系统动态，建立柱塞气举的模型方程，可获得柱塞在举升过程中的位置、速度、井口油压、井口套压、产气量、产液量和举升周期等参数的变化规律及各参数间的变化关系，以便确定在特定条件下柱塞的举升效果，优化柱塞运行参数。应用质量和动量守恒定律，依据举升过程中的动力学分析，建立柱塞气举周期 3 个阶段（上行阶段、续流下降和关井压力恢复阶段）相应的数学模型（图 3-37）。

图 3-36 气动薄膜阀

柱塞在每一周期内的运动很复杂，为非稳态过程。为便于分析，又不影响对举升过程的正确认识，有必要作一些合理的假设。这里作如下假设：

(1) 井筒中各点流动温度不随时间变化，且成线性分布；
(2) 液体不可压缩；
(3) 不考虑气窜造成的影响；
(4) 地层产液积聚在油管底部，地层产气进入油套环空；
(5) 油管和油套环空中的瞬间气体质量流量分别相同；
(6) 流体流动为拟稳态流动；
(7) 柱塞下落是自身平衡的，对油套压恢复不产生影响。

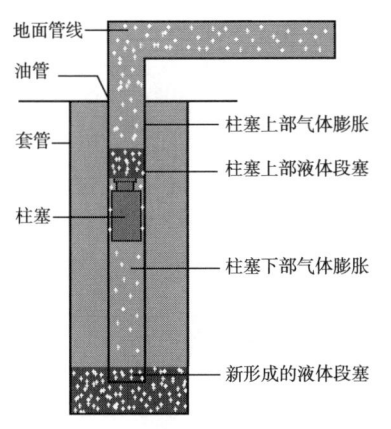

图 3-37 柱塞气举数学模型示意图

1. 柱塞上行阶段

1）柱塞和液体段塞上升动态

柱塞和液体段塞向上运行过程中，动力主要是柱塞下部的气体压力，阻力是液体段塞上部的气体压力、液体段塞和柱塞的重力以及气液的运动摩阻，利用牛顿第二定律可以建立如下动态方程：

$$\sum F = 10^{-6}(p_1 - p_2)A_p - (m_l + m_p)g - F_f = (m_l + m_p)a \quad (3-24)$$

式中 $\sum F$——柱塞受到的合力，N；

p_1——柱塞下端面的压力，MPa；

p_2——液体段塞的表面压力，MPa；

A_p——柱塞的横截面积，m^2；

F_f——柱塞和液体段塞受到的摩擦阻力，N；

m_1——液体段塞的质量，kg；

m_p——柱塞的质量，kg；

g——重力加速度，m/s²；

a——柱塞和液体段塞的加速度，m/s²。

2）液体段塞上部的气体膨胀

将井口气嘴和集气站气嘴分别作为分割点，将液体段塞上部气体分成两段（油管内液柱段塞上部至井口气嘴，井口气嘴到集气站气嘴的地面管线内）。由井口气嘴流向地面管线的流量和质量以及集气站气嘴流向分离器的流量和质量都可用式（3-25）进行计算：

$$q_{sc} = \frac{4066 p_t d^2}{\sqrt{\gamma_g T Z}} \sqrt{\left(\frac{k}{k-1}\right)\left[\left(\frac{p_s}{p_t}\right)^{\frac{2}{k}} - \left(\frac{p_s}{p_t}\right)^{\frac{k+1}{k}}\right]} \quad (3-25)$$

$$m_{gout} = \frac{1}{86400} q_{sc} \rho_g dt \quad (3-26)$$

式中 q_{sc}——通过井口节流阀的标准气体体积流量，m³/s；

p_t——井口油压，MPa；

p_s——井口节流阀出口端面压力，MPa；

d——节流阀孔眼直径，m；

γ_g——天然气的相对密度；

T——节流阀入口端面温度，K；

Z——节流阀入口状态下的气体偏差系数；

k——天然气绝热指数；

m_{gout}——通过井口节流阀的气体质量流量，kg/s；

ρ_g——液体段塞上部气体密度，kg/m³；

dt——时间单元长度，s。

液体段塞的表面压力由下式计算：

$$p_{lp} = p_t \exp\left(\frac{0.03418 \gamma_g h_{lg}}{T_{lg} Z_{lg}}\right) + p_{lgf} \quad (3-27)$$

式中 p_{lp}——液体段塞的表面压力，MPa；

T_{lg}——液体段塞上气体的平均温度，K；

Z_{lg}——液体段塞上气体的平均偏差系数；

p_{lgf}——液体段塞上气体产生的摩阻，MPa；

f_{lg}——液体段塞上部气柱高度，m；

h_{lg}——液体段塞上部气柱高度，m。

3）柱塞下部的气体膨胀

在柱塞向上运动阶段，举升柱塞和液体段塞的能量主要来源于原先储存在油套环空中的气体膨胀和地层产气。柱塞向上运动同时，地层也在产出液体，因此柱塞下端面的压力主要取决于柱塞下面气体的膨胀，考虑地层产气，油管中柱塞下面和油套环空中的气体连续性方程为：

$$\frac{dm_{cg}}{dt} + \frac{dm_{tpg}}{dt} = m_{lg} \quad (3-28)$$

式中 m_{lg}——地层产气量，kg/s；

m_{cg}——油套环空气体质量，kg；

m_{tpg}——油管中柱塞下气体质量，kg。

柱塞下液体段塞表面压力为：

$$p_{tpl} = p_{wf} - \rho_l g(h_{tpl} + h_y) \tag{3-29}$$

式中 p_{tpl}——油管中柱塞下液体段塞表面压力，MPa；

p_{wf}——井底压力，MPa；

h_{tpl}——油管柱塞下液体段塞的长度，m；

h_y——地层中部与油管底部的距离，m。

利用式（3-30）可由柱塞下液面压力计算柱塞下端面压力：

$$p_{pb} = \frac{p_{tpl}}{\exp\left(\frac{0.03418\gamma_g h_{tpg}}{T_{tpg} Z_{tpg}}\right)} - p_{tgf} \tag{3-30}$$

式中 p_{pb}——柱塞下端面压力，MPa；

h_{tpg}——油管柱塞下气柱的长度，m；

T_{tpg}——油管柱塞下气体的温度，K；

Z_{tpg}——油管柱塞下气体的偏差系数；

p_{tgf}——油管柱塞下气体产生的摩阻，MPa。

2. 续流阶段

气井续流阶段是指柱塞上的液体段塞全部进入地面管线，柱塞被井口捕捉装置捕获后，井口阀门保持打开状态这个阶段。在该阶段气井开始正常生产，直到由于井底积液井底流压升高需要关井为止。

该阶段油套环空和油管的气体由质量守恒可以写成：

$$\frac{dm_{cg}}{dt} + \frac{dm_{tpg}}{dt} + m_{lg} = m_{gout} \tag{3-31}$$

油管液体段塞表面压力由式（3-22）计算：

$$p_{tl} = p_{wf} - \rho_l g(h_y + h_{tl}) \tag{3-32}$$

式中 p_{tl}——油管液体段塞表面压力，MPa；

h_{tl}——油管液体段塞的长度，m；

油管中的气体压力为：

$$p_{tp} = \frac{p_{tl}}{\exp\left(\frac{0.03418\gamma_g h_{tg}}{T_{tg} Z_{tg}}\right)} - p_{gf} \tag{3-33}$$

式中 p_{tp}——油管中的气体压力，MPa；

h_{tg}——油管中气柱的长度，m；

T_{tg}——油管中气体的温度，K；

Z_{tg}——油管中气体的偏差系数；

p_{gf}——油管中气体产生的摩阻，MPa。

3. 关井压力恢复阶段

由于井底积液，井底流压增加，当井底流压增加到某个值时，井口阀门关闭，压力恢复阶段开始。在该阶段，若地层的供气能力较低，柱塞下降到座落器的缓冲弹簧上后要停留一段时间。

1）柱塞下行动态模型

柱塞向下运动阶段包括两部分：一是在气体中的下落；二是在液体中的下落。由牛顿第二定律，柱塞在气体中下落的动态方程为：

$$\sum F = mg - F_{pg} - F_{fpg} = m_p a_g \quad (3-34)$$

$$F_{pg} = \rho_g g V_p \quad (3-35)$$

$$F_{fpg} = k_g \rho_g v^2 \quad (3-36)$$

式中 m_p——柱塞的质量，kg；

F_{pg}——柱塞在气体中所受的浮力，N；

F_{fpg}——柱塞在气体中运动所受摩擦力，N；

a_g——柱塞在气体中下落的加速度，m/s²；

ρ_g——气体的平均密度，kg/m³；

V_p——柱塞的体积，m³；

v——柱塞速度，m/s；

k_g——气体阻力系数。

柱塞在液体中下落的动态方程为：

$$\sum F = mg - F_{pl} - F_{fpl} = m_p a_l \quad (3-37)$$

$$F_{pl} = \rho_l g V_p \quad (3-38)$$

$$F_{fpl} = k_l \rho_l v^2 \quad (3-39)$$

式中 F_{pl}——柱塞在液体中所受的浮力，N；

F_{fpl}——柱塞在液体中运动所受摩擦力，N；

a_l——柱塞在液体中下落的加速度，m/s²；

k_l——液体阻力系数。

2）压力恢复阶段动态模型

气井关井后进入压力恢复阶段，随着气层所产气体和液体不断进入井筒，压力不断回升。该阶段压力恢复特性类似于上行阶段柱塞下部气体特性的反过程，可以利用同样的计算方法计算井口油压与套压随时间的变化关系。在建立柱塞气举模型中，不仅考虑了气体从地层流入井筒再由井筒向外产出的影响，而且考虑了井筒积液高度对气井产量的作用；更为重要的是利用控制体分割和时间单元方法较为准确地计算柱塞上、下气体压力变化规律，这样就能保证模型具有较高的可靠性。

四、工艺参数设计及优化

柱塞气举排水采气设计具有重要意义，有关柱塞气举设计方法研究，早期的设计方法包括贝森（Beeson）、洛克斯（Knox）、斯托达德（Stoddard）和穆拉维也夫（Muraviev）的设计方法。这些方法有很大的局限性，并没有在工业中得到实际应用。1965年，美国的福斯和高尔（Foss & Gaul）总结了文杜里（Ventura）油田使用7in套管、2½in油管的85口柱塞举升气井的试验数据，提出了一套半经验的柱塞气举设计方法，国内油气田的柱塞气举实践表明，国外柱塞气举法并不完全适于国内油气井。

1. 工艺参数设计

研究了柱塞举升的动力学模型，在原福斯—高尔设计法的基础上，提出一种适合于国内现场的柱塞气举设计方法，柱塞的动力学模型可用来校核柱塞能否上行到达井口和下行到达座落器，检验设计结果的可靠性，也可用于确定柱塞上行和下行的平均速度，在设计方法中需要这两个关键参数。根据长庆气田气井特点，建立了柱塞气举工艺参数，主要包括：柱塞运行所需最小工作套压、最大工作套压、最大下深、最小气量、最大周期、最小气液比确定等。

1）最小工作套压

柱塞运行过程中，由于环空中气体的流动速度很低，摩擦阻力可忽略不计；柱塞运行摩擦阻力很小，可忽略不计；假如柱塞下油管中仅存在单向气体流动，可忽略油套管中静气柱压力的差别。因此，柱塞运行的最小套压计算如下：

$$p_{cmin} = p_{tmin} + (p_{lh} + p_{lf})W + p_p + p_f \tag{3-40}$$

$$p_{lh} = 10^{-6} \rho_L g H_L \tag{3-41}$$

$$p_{lf} = 10^{-6} \frac{f_l \rho_l U_{pu}^2}{2 d_t A_t} \tag{3-42}$$

$$p_f = 10^{-6} \frac{f_g \rho_g U_{pu}^2}{2 d_t} H_t \tag{3-43}$$

其中 p_{cmin}——最小套压，MPa；

p_{tmin}——最小油压，MPa；

p_{lh}——举升1m³液体的静液柱压力，MPa/m³；

ρ_L——举升液体的平均密度，kg/m³；

H_L——每周期柱塞上的液柱高度，m；

A_t——油管内横截面积，m²。

p_{lf}——举升1m³液体的摩擦阻力，MPa/m³；

U_{pu}——柱塞平均上行速度，m/s；

d_t——油管内径，m；

f_l——举升液体平均摩阻系数。

W——每周期排出液体量，m³；

p_p——克服柱塞重量所需的压力，MPa；

p_f——柱塞以下油管长度上的气体摩阻，MPa；

ρ_g——油管中气体平均密度，kg/m³；

H_t——油管长度，m。

2）最大工作套压

根据最小套压和管柱尺寸以及环空中气体膨胀，可以计算平均工作套压。忽略气体膨胀时其偏差系数的差异，按气体定律得到计算最大工作套压的公式：

$$p_{cmax} = \left(1 + \frac{A_t}{A_c}\right)p_{cmin} \tag{3-44}$$

式中　p_{cmax}——最大工作套压，MPa；

　　　A_c——油套环空横截面积，m²。

3）最大下深的确定

柱塞在井下的工作条件为 $A = 72$（m³/m³）/305m（PCS 论文）。

柱塞最大下深主要由气井生产时的气液比决定，有：

$$H_c = \beta/A \tag{3-45}$$

式中　H_c——柱塞最大下入深度 m；

　　　β——气液比，m³/m³；

　　　A——柱塞井下工作条件。

4）运行所需最小气量

柱塞气举运行一周期所需的最小气量包括：开井前油管内的气量和柱塞上升过程，从柱塞和液体段塞滑脱的气量。最小周期气量 V_g 为：

$$V_g = 10^{-4} F_{gs} \frac{V_t}{B_g} = 0.2892 F_{gs} A_t (H_c - H_t) \frac{p_{cmax}}{ZT} \tag{3-46}$$

式中　V_g——柱塞运行最低周期气量，10^4m³；

　　　V_t——开井前液体段塞上的油管体积，m³；

　　　H_t——液柱高度，m；

　　　F_{gs}——气体通过柱塞和液体段塞的滑脱系数，一般取 1.15；

　　　T——井筒平均温度，K；

　　　Z——气体偏差系数。

当地层的周期产气量小于最低周期需气量时，分两种情况：（1）柱塞运行期间，向套管内注气，即气举；（2）延长柱塞在卡定器上的停留时间，即延长关井时间。

5）运行的最大周期

完成一个工作周期所需的时间由开井时间和关井时间两部分组成。开井时间包括：（1）柱塞从座落器处上升到地面的时间；（2）柱塞停留在井口、敞喷放气生产的时间。关井时间包括：（1）柱塞在气柱中下落的时间；（2）柱塞在液柱中下落的时间；（3）柱塞在座落器上的停留时间。

工作周期数为：

$$N_p = \frac{86400}{T_u + T_{dl} + T_{dg} + T_{ps} + T_{ps}} \tag{3-47}$$

式中　N_p——工作周期数，次/d；

　　　T_{dg}——柱塞在气体中的下行时间，s；

　　　T_{dl}——柱塞在液体中的下行时间，s；

　　　T_{ps}——柱塞在井口的停留时间，s；

　　　T_{pc}——柱塞在座落器上的停留时间，s。

计算柱塞上行时间 T_u

$$T_u = H_c/v_u \tag{3-48}$$

式中 T_u——柱塞的上行时间，s；

v_u——柱塞的上行速度，m/s。

计算柱塞在气中下落时间 T_{dg} 和在液中下落时间 T_{dl}

$$T_{dg} = (H_c - H_l)/v_{dg} \tag{3-49}$$

$$T_{dl} = H_l/v_{dl} \tag{3-50}$$

式中 V_{dg}——柱塞在气体中的下行速度，m/s；

V_{dL}——柱塞在液体中的下行速度，m/s。

柱塞在井口和在座落器上的停留时间，应根据地层气液比的高低来决定，并根据实际生产情况进行调整。对高气液比的气井，延长柱塞在井口的停留时间，有利于排水采气，柱塞可不在座落器上停留，停留时间可根据周期放气量的大小进行估计。对低气液比的气井，只有延长柱塞在座落器上的停留时间，才能使套压恢复到足够高，柱塞可不在井口停留。柱塞不在井口和座落器上停留时，工作周期数最大。

如果井能在柱塞运行的最大周期下运行，它就可以在其以下的任何周期下运行。柱塞运动的最大周期数是柱塞刚下落到座落器后，立即开井使柱塞上行到井口，接着就关井使柱塞下落所获得的一天柱塞循环运行的工作次数。在最大周期下柱塞—气举井的平均井底压力和工作套压都最低，井的产率最高，因此也称为最佳周期，计算公式为：

$$N_{Pm} = \frac{86400}{T_u + T_{dl} + T_{dg}} \tag{3-51}$$

式中 N_{Pm}——最大或最佳周期数。

6）最小气液比的确定

（1）经验法。

通过大量的柱塞现场应用，一个比较直接而且有效的参数气液比 GLR 可以被用来作为是否适合安装柱塞的简单标准。

经验值表明当气井每100m深度气液比大于233m³/m³时，柱塞气举工艺能够将井筒积液举出从而起到提高产量的作用。

（2）图版法判断方法。

为了克服只考虑气液比一个参数的不足，还有一种图表法能更准确地评估是否适合安装柱塞。图3-38是针对两种应用最广泛的油管尺寸 2⅜in 和 2⅞in 结合气液比对气井进行评估。

图表的横坐标代表的是井的生产净压力，是关井后套管的恢复压力减去生产时的管线压力。计算时管线压力一定要用生产时的井口流压。具体的操作方法是在横坐标上找到气井的生产净压力，然后垂直上行在图表中找到相应的深度所对应的曲线，最后再在纵坐标上找到安装柱塞所需要的最小的气液比的值。如果井的生产气液比大于图表上的值，则柱塞就很有可能会起到好的效果。

2. 柱塞气举的优化设计

为保证气井柱塞气举正常和较高产量，需要对影响柱塞举升和井口产气量的各个参数进行优化。影响柱塞气举的因素分为不可控因素和可控因素两大类，不可控因素有气液比、地层压力和产气量、输气管线压力、地面管线长度和内径，井站和集气站的气嘴大小；可控因素为开井时井口油压和套压、续流开井时间、井筒积液高度。柱塞气举优化设计就是对可控因素进行优化设计，气井开井时井口油压和套压、续流开井时间决定井筒积液高度，当续流时间和开井时套压一定时，开井时油压就相对应一个定值。因此，柱塞气举的优化实质上是对开井时套压和续流开井时间这两个参数进行优化。

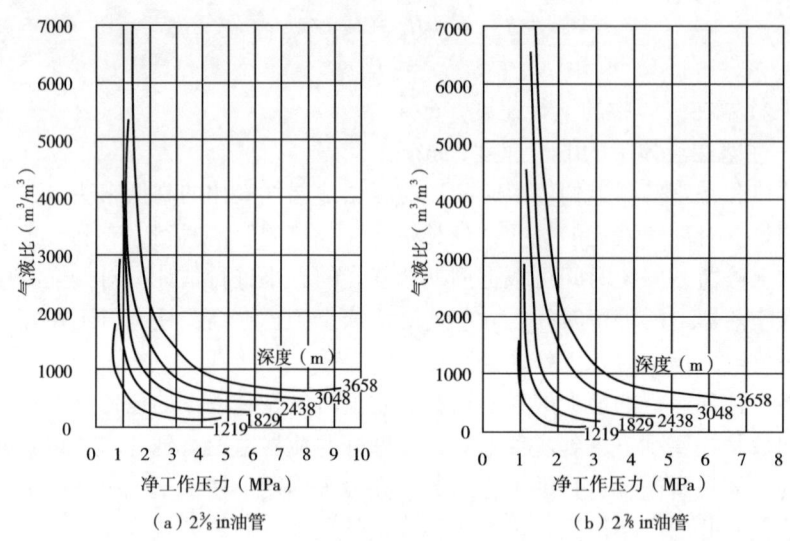

图 3-38　2 $\frac{3}{8}$ in 和 2 $\frac{7}{8}$ in 油管的生产净压和气液比的柱塞筛选图表

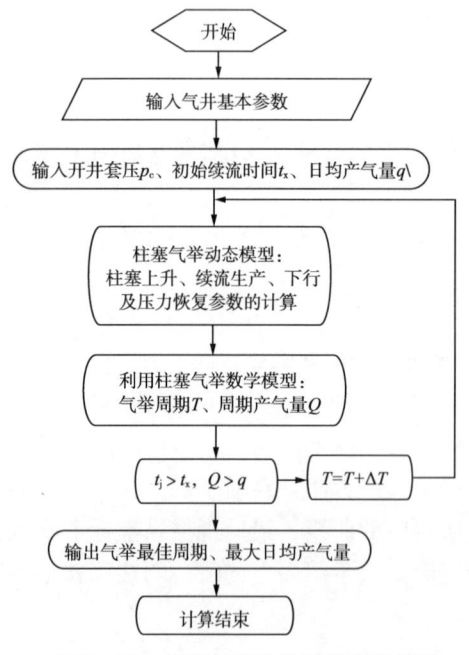

图 3-39　柱塞气举优化计算程序框图

柱塞气举优化计算是根据柱塞气举动态模型及参数设计，以周期运动时主要可控因素为开井套压、续流时间为依据，以气举最佳周期和最大产气量为目标，建立了柱塞气举优化计算程序（图 3-39）。

五、柱塞气举远程控制系统

针对常规柱塞气举采用单一的定时开关井模式需要人工到井口调参的现状，为了进一步提高控制系统智能化程度，结合气田数字化管理平台，利用井口数据远传系统采集井口油套压、产气量数据并传输至集气站，并在集气站新建站控平台，编制柱塞气举智能控制软件，对柱塞运行状态进行实时诊断、分析和优化，确定最优的柱塞气举开井井制度，并及时发送控制指令给井口控制盒和薄膜阀，实现了柱塞气举远程智能控制（图 3-40）。

远程控制系统除单井的井口柱塞控制系统外还包括硬件和软件两部分，介绍如下。

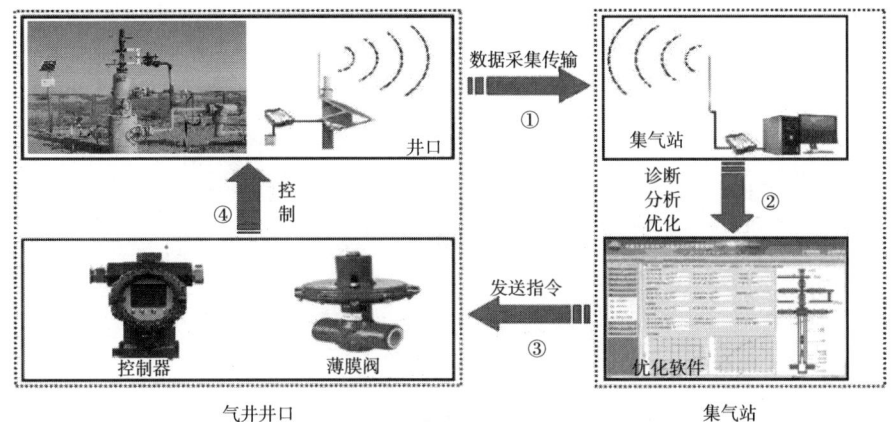

图 3-40 柱塞气举站控平台远程控制示意图

1. 硬件介绍

（1）井口控制设备。

针对前期采用时间式控制盒不能通信的缺点，开发了具有时间、压力等自动优化功能的智能控制盒，与气动薄膜阀、到位/压力传感器等设备，实现了柱塞气举气井智能化运行。智能控制盒具有多种自动优化功能，通过与电台连接，采用 RS485 协议实现与集气站实时通信。

（2）站内控制设备。

井口通过并联使用已有的单井电台实现了数据信号的发送，实现数据接收和发送控制命令，需要在主基站使用单独的主电台，要求一定接收范围内需要一个接收电台。苏里格气田建立智能化示范基地，选择气井集中在一个主基站控制范围内，所以只需要一个主电台，为了减少和现有数据远传系统可能产生的相互干扰，安装了一个 IP100 的网关。智能柱塞优化流程如图 3-41 所示。

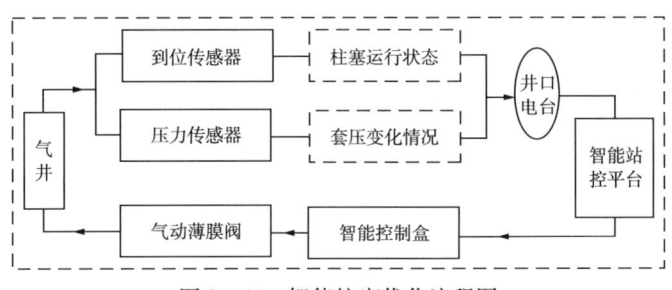

图 3-41 智能柱塞优化流程图

2. 软件介绍

为了实现对每口井的数据远传和远传控制功能，实现柱塞气举气井高效率的管理，开发了具有数据传输、分析优化、远程控制等功能的站控平台，可通过授权在远程终端登录，实现了柱塞气举工艺参数远程智能控制。站控平台单井操作界面分为状态区和子菜单区，状态区包括："开井"、"关井"、"气动薄膜阀"、"管线压力"、"套压"、"油压"、"瞬时流量"，子菜单区包括："状态"、"趋势线"、"柱塞"、"历史数据"、"长期历史数据"、"优化参数"、"设置"、"报警"、"事件"、"记事",如图 3-42 所示。整个软件系统分为 4 个部分。

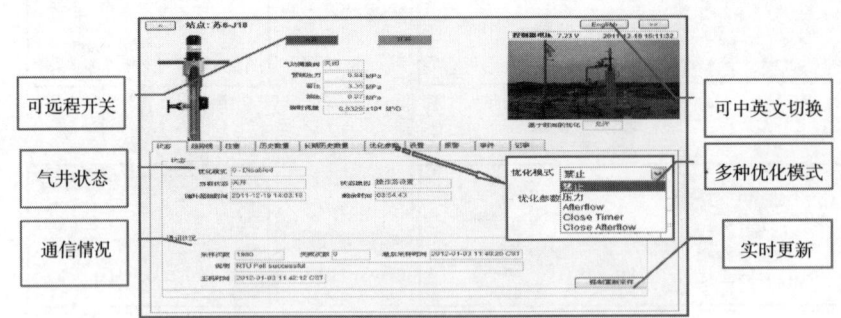

图 3-42 远程智能柱塞气举站控平台界面

（1）数据远传模块。能够实现将井口柱塞控制器里的所有数据传输到服务器上的数据库里,进行分类管理。

（2）数据分析优化模块。以实际的生产情况,自动根据时间或者压力控制优化模式结果调整柱塞气举工艺参数,分析优化最优的柱塞气举开井井制度。

（3）数据控制模块。能够远程实现井口现场控制器里所有的控制,优化功能,并且可以远程根据井的生产动态即时更改参数。

（4）用户使用界面。可以使技术人员很好的对柱塞的运行数据进行分类,管理以及分析。

通过柱塞气举远程控制系统的硬件和软件的安装,整个柱塞气举排水采气系统可以实现以下功能:

①对每口井实现远程开关井。

②软件系统本身有监控功能,可以实现自动报警。使管理人员及时监测到井的生产动态的改变,从而采取及时有效的措施,确保安全生产。

③实现自动优化柱塞气举工作制度。每口井都可以根据实际的生产情况实现时间或者压力控制,使井的生产管理更加灵活,机动,准确。

④实现所有在井口操作的功能远程控制功能。并且是真正意义上的控制系统,远程调参完毕之后,井口的控制盒会接受到指令,进行完全一致的参数调整,从而实现气田生产智能化。

⑤一旦每口井初期调试好之后,可以在很长一段时间内进行自动排液,一直使井筒积液保持在最少的状态,从而可以使井的产能最大化。

六、应用实例

1. 苏 20-16-16 井

1）气井概况

苏 20-16-16 井气层中深 3330.9m,开采层位盒$_8$上 2,无阻流量为 45.3192×10^{4}m^3/d,2007 年 5 月 26 日投产,投产前油套压均为 24.5MPa。截至 2012 年 8 月 31 日累计产气 4894×10^{4}m^3。投产初期日产气量较高（可达 4×10^{4}m^3）,随着地层能

量递减,至2011年后日产气量逐步降至3000m³,套压出现锯齿状波动,油套压差增大,表明井筒内积液已对该井正常生产带来了影响。试验前该井油压1.71MPa,套压3.95MPa,平均产气量$0.5792\times10^4\text{m}^3/\text{d}$。

2013年8月16日进行柱塞气举试验前流压测试,解释液气高密度位置位于1800m,压力梯度为0.36MPa/100m,压力梯度较大,井筒内存在一定的积液,需采取排水采气措施。

2) 优化设计

柱塞气举试验前气井平均井口油压为1.71MPa,套压为3.95MPa,平均产气量$0.5792\times10^4\text{m}^3/\text{d}$。根据气井生产情况,优化设计了柱塞气举起始开井时间为21600s,关井时间为7200s,初始井口套压为3.0MPa,套压间隔为0.5MPa。苏20-16-16井优化设计结果见表3-16。

表3-16 苏20-16-16井优化设计结果

序号	井口套压（MPa）	开井时间（s）	关井时间（s）	日产气量（m³）	循环周期（次/d）
1	2.0	21600	7200	14325.7	3
2	2.5	14400	7200	12045.3	4
3	3.0	7200	7200	10236.8	6
4	3.5	7200	14400	7852.1	4
5	4.0	7200	21600	4789.3	3

优化设计结果显示,套压越低,相应的关井压力恢复时间越短;套压低,井底流压也低,有利于地层能量释放。因此,推荐较优的排水采气工作制度为开井21600s(6h),关井7200s(2h)。

3) 试验效果

该井2013年8月22安装柱塞运行,使用柱状柱塞,规格为59.5mm×485mm,下深3125m。试验后生产总体生产相对平稳。按照开2关3的优化制度,柱塞气举试验运行参数设计见表3-17。试验前后采气曲线如图3-43所示。

表3-17 苏20-16-16井柱塞气举试验运行参数表

序 号	项 目	设置参数
1	开井时间（h/次）	6h
2	关井时间（h/次）	2h
3	运行周期（次/d）	4.0次
4	生产时间（h/d）	18h
5	关井时间（h/d）	6h
6	产气量（$10^4\text{m}^3/\text{d}$）	1.4

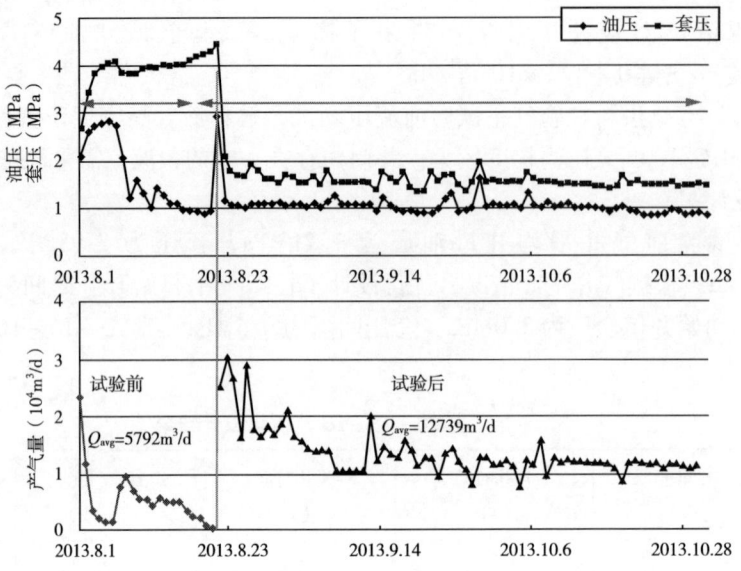

图 3-43 苏 20-16-16 井柱塞气举排水采气试验前后采气曲线图

柱塞气举试验后,油压为 1.26MPa,套压为 2.47MPa,平均日产气量 $1.2739 \times 10^4 m^3$,较试验前油套压差降低 1.0MPa,单井日增产 $0.6947 \times 10^4 m^3$,平稳运行 112 天,累计增产 $77.8 \times 10^4 m^3$。与理论优化设计相差 5%,符合程度较高,说明柱塞气举优化计算方法较可靠。

2. 苏 6-9-17 井

1)气井概况

苏 6-9-17 井气层中深 3337.5m,该井无阻流量为 $2.16 \times 10^4 m^3/d$,平均地层压力为 20MPa,油管内径为 62mm,井口温度为 15℃,井底温度为 108℃。2006 年 7 月投产,投产前油压为 24MPa,套压为 24MPa,气井配产 $1.5 \times 10^4 m^3/d$。2011 年 11 月 23 日柱塞气举试验,截至 2012 年 10 月共生产 342 天,累计增产气量 $47.7 \times 10^4 m^3$。

2)优化设计

柱塞气举前期采用时间控制模式生产,为评价柱塞气举不同生产模式生产情况,于 2012 年 4 月 18 日调试为压力优化模式生产,选取两种模式的一段生产数据对两种生产模式情况进行对比。不同生产模式生产曲线如图 3-44 所示。

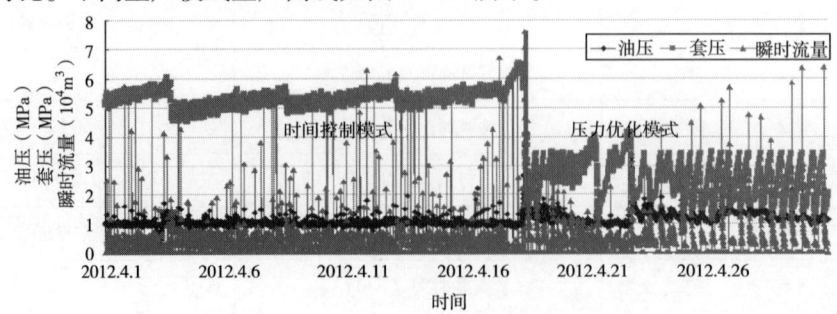

图 3-44 柱塞气举压力模式与时间生产模式对比

对比柱塞气举不同控制模式时生产曲线可以看出，采用时间控制模式时，平均油套压差为4MPa，压力优化模式时油套压差为1.5MPa，油套压差明显减小；对比产气量，压力优化模式时产气量高于时间模式产气量。

对该井压力优化模式设计进行说明。如图3-45所示，当开井生产后，首先执行了最短开井时间，设定值为30min，然后开始判断套压变化，当套压降至最低点后自动记录该点压力值，当套压值上升超过设定值0.2MPa时，执行关井操作；随后，程序等待最短关井时间，设定值为2h后，开始录取套压值，当套压值上升至设定值3.45MPa后，执行开井操作。

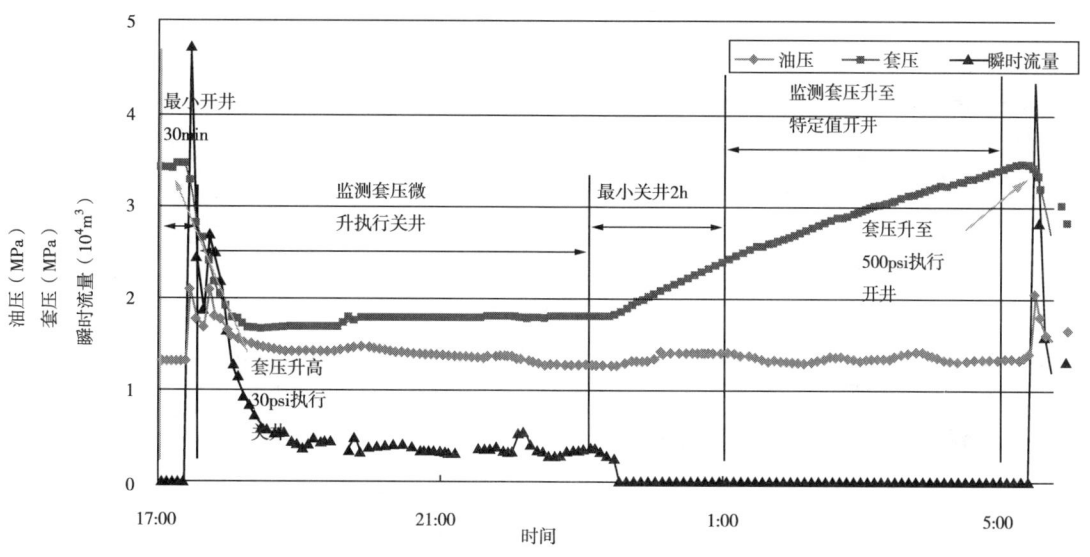

图3-45 压力运行模式周期调试

3）试验效果

压力控制模式时气井套压为周期性变化，符合当压力达到开井套压时，气井自动开启，生产中气量产出后套压降低，气井关闭，气量也呈周期性变化，柱塞举升液体周期性运行正常，可根据气井能量变化自动调整开关井，节省管理强度。

第四节 气举排水采气技术

气举排水采气技术是气田水淹井复产最经济有效的举升工艺，该技术是利用高压气源或增压设备将高压气体（天然气或氮气）注入井筒，利用高压气体能量使井底积液从油管（或油套环空）返排至地面，达到增大生产压差、恢复或提高气井产能的目的。国外20世纪70年代开展气举排水采气工艺技术研究和试验，其中以苏联和美国为代表。长庆气田2000年以来，靖边气田部分有水气井出现水淹停产，气举复产技术主要以液氮诱喷、连续油管+高压氮气气举排液、高压氮气气举、井间互联井筒激动排液复产工艺为主，这些工艺技术以其各不相同的优点在积液停产气井的排液复产中一直发挥着重要的作用。

一、气举方式

气举工艺根据注气的连续性分为连续气举和间歇气举两种方式。连续气举适用于地层渗透性好、产水量较大的气水同产井。间歇气举适用于井底压力较低、产液量较小的气井,尤其是低压、小产量井。长庆气田是典型的"三低"气藏,储层物性差,单井产量低,产水量小,主要采用间歇气举工艺进行水淹气井复产。

根据气体的注入、产出流程,气举可分为正举、反举两种方式,正举是从油管内注入油套环空返出,这种方式所需气源压力低,摩擦阻力小,但滑脱损失较大,气—液的混合流速低。反举是从油套环空注入油管返出,这种方式举升过程中气—液混合流速高,滑脱损失小,但摩擦阻力大,所需气源压力高。对于具体的气井,举升方式取决于气井及增压设备的基本条件及作业过程中的特殊要求。

二、气举工艺流程及主要设备

1. 工艺流程

气举过程中注入的气体介质主要为氮气和天然气。

氮气气举的作业方式主要有两种:一是常规氮气气举工艺,利用增压车将氮气从油管(油套环空)注入,积液从油套环空(油管)返出(图3-46);二是利用连续油管将高压氮气从油管中注入,积液从连续油管与油管的小环空中返出(图3-47)。氮气气举利用制氮车将空气中的氮气分离出来,气源不受环境限制,但制氮车排量较低,运行费用高。

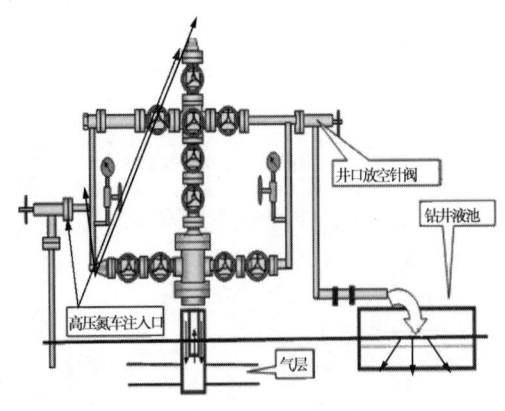

图3-46 常规氮气气举工艺流程图

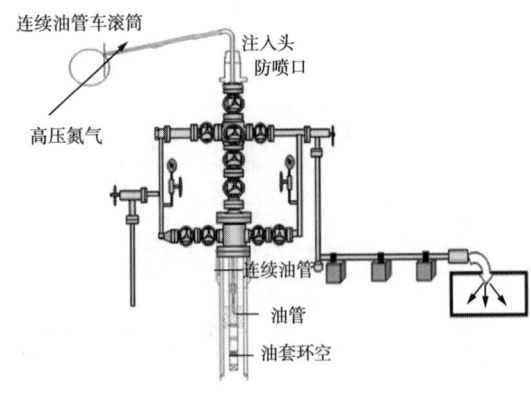

图3-47 连续油管氮气气举工艺流程图

天然气气举根据其气体来源主要有两种方式:一是井间互联气举,该工艺是将高压气井的天然气作为气源,通过集输管线送往低压井(图3-48),可利用高压气井的天然能量,具有投资少、成本低的优点,但气举效果受到气源井的压力影响,难以维持稳定,应用范围受限。二是天然气压缩机增压气举,该工艺是利用增压设备将外输管线内的天然气增压后作为气源注入井筒,气—液混合物返出井口,经分离后的天然气再返回压缩机增压,供气举井循环使用,气举井自身生产的天然气除继续供给压缩机作为原料气外,多余部分进入外输管线。对于单井仅有一条集气管线的气井,利用该工艺仅需要井口增压设备即可完成气举作业,工艺流程简单,投资费用低,是目前长庆气田采用的主要气举复产方式。

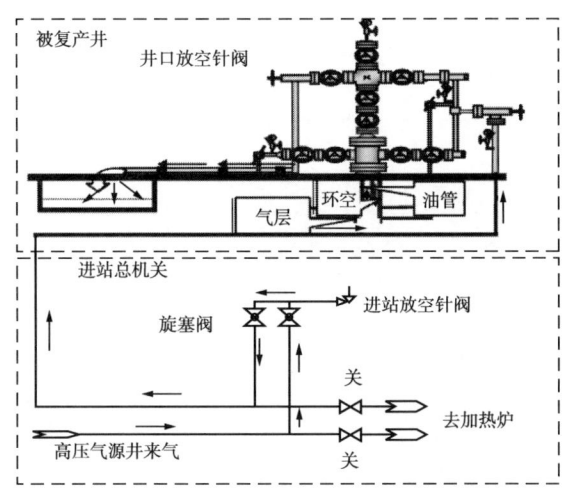

图3-48 井间互联气举工艺流程图

2. 主要设备

根据作业过程中是否下入井下气举阀,气举工艺分为两类,其中光油管气举工艺无需井下工具,作业设备仅需要井口增压装置(压缩机)及地面流程连接管线,高压气体注入井筒后,经管鞋处进入油管(反举)或油套环空(正举),适用于产液量较小的气井间歇举液。对于地层产水量大的气井,井下通常下入多级气举阀降低注入压力,并根据气井生产特点选气举工作筒及管柱结构。长庆气田气井产液指数低,气举阀主要用于气井压后排液,生产后期用于排水采气。

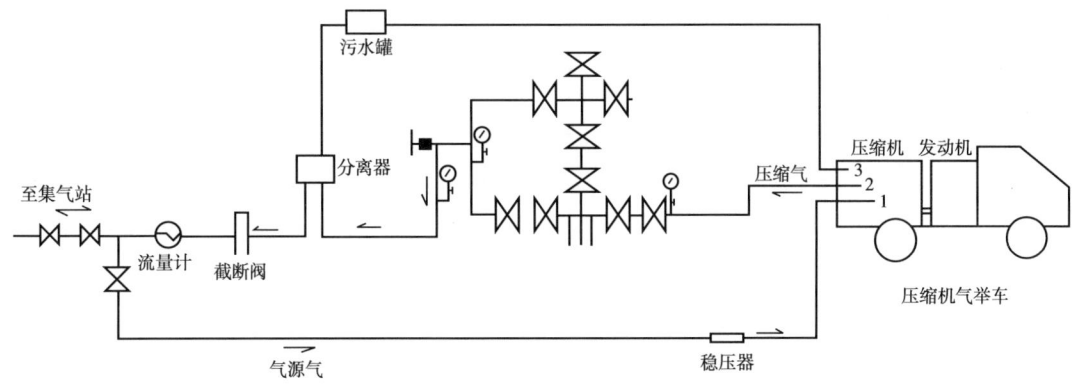

图3-49 天然气增压气举工艺流程图

1) 井口增压设备

天然气压缩机是提供高压气源的重要设备,一般采用往复活塞式压缩机,根据其结构分为整体式及分体式两大类。整体式压缩机的动力机和压缩机共用一根曲轴,国内气田常用整体式天然气压缩机结构如图3-50所示。主要技术参数见表3-18。

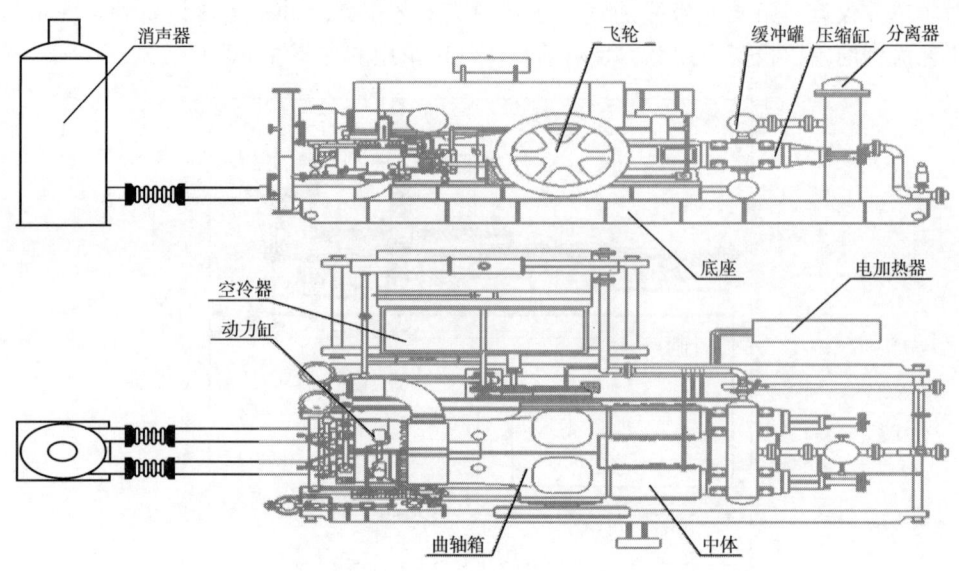

图 3–50　整体式天然气压缩机结构示意图

表 3–18　成都压缩机厂整体式压缩机主要技术参数

型号	动力缸 缸径×冲程 (mm×mm)	标定 功率 (kW)	标定 转速 (r/min)	平均制动 压力 (MPa)	活塞杆最大 允许载荷 (kN)	吸气压力 (MPa)	排气压力 (MPa)	处理 气量 (m³/d)
ZTY85	336×406	85	360	0.395			97.861	
ZTY170	336×406	170	360	0.395			97.861	
ZTY265	381×406	265	400	0.433		根据气井工况确定， 最高排气压力 35MPa		
ZTY440	381×406	440	440	0.433				
ZTY470	381×406	470	440	0.48			177.811	
ZTY630	381×406	630	440	0.48			177.811	

分体式天然气压缩机的动力机和压缩机各自相对独立，结构示意图如图 3–51 所示。动力机常用电动机、柴油发动机和天燃气发动机。国内气田常用的缩机主要技术参数见表 3–19。

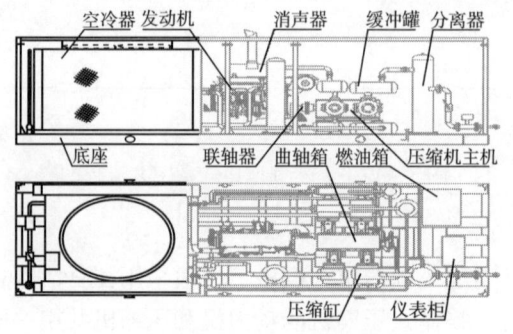

图 3–51　分体式天然气压缩机结构示意图

表3-19 成都压缩机厂分体式压缩机主要技术参数

系列	型号	列数	机身功率（kW）	冲程（in）	转速（min）	杆载（kN）
CFP	2CFP	2	100	3	1500	20
	4CFP	4	200	3	1500	20
CFA	2CFA	2	200	3.5	1500	55
	4CFA	4	400	3.5	1500	55
	6CFA	6	600	3.5	1500	55
CFH	2CFH	2	650	4.5	1200	120
	4CFH	4	1300	4.5	1200	120
	6CFH	6	1950	4.5	1200	120
CFC	2CFC	2	1150	5.5	1200	220
	4CFC	4	2300	5.5	1200	220
	6CFC	6	3500	5.5	1200	220
CFV	2CFV	2	2750	7.25	750	400
	4CFV	4	5500	7.25	750	400
	6CFV	6	8250	7.25	750	400

车载式压缩机是分体式压缩机的一种，主要用于气井间歇气举或水淹气井复产，由于其机动灵活、实施成本低等特点，是目前长庆气田主要应用的气举增压设备（图3-52）。

图3-52 车载式天然气压缩机外观图

常用车载式压缩机技术参数见表3-20。

表3-20 车载式压缩机主要技术参数

车载式压缩机气举车型号		CFY400	CCTY300	CRTY300	CZ/FTY300H	CZ/FTY250H
工艺性能参数	进气压力（MPa）	0.5~2	0.5~2	0.4~2	0.5~2	0.5~2
	排气压力（MPa）	10~25	10~25	15~25	15~25	10~25
	排气量（$10^4 m^3/d$）	2.6~9.9	1.9~6.7	2.4~6.2	2.2~5	2.3~5.5

续表

车载式压缩机气举车型号			CFY400	CCTY300	CRTY300	CZ/FTY300H	CZ/FTY250H
压缩机车配置参数	发动机	发动机型号	VOLVO TAD 1641VE	CAT C15	CAT G3408	CAT3408C	CAT C15
		额定功率（kW）	420	300	298	321	317
		额定转速（r/min）	1500	1500	1800	1500	1800
	压缩机	压缩机型号	FY400	FY400	CFA34	JG/4	JGA/4
		制造厂	成都压缩机厂	成都压缩机厂	美国 COOPER	美国 ARIEL	
		机身功率（kW）	400	400	433	376	417
		转速（r/min）	1500	1500	1800	1500	1800

2）气举阀

气举井下入气举阀可在较低的启动压力条件下实现井筒液体的分段举升。

多级气举阀工作过程如图3-53所示（以油管举升为例），当高压气体注入油套环空时，随着油套环空液面的下降，注入压力将会持续上升，当环空液面下降到顶阀（第一级阀）时，注入压力达到最大，此时的压力称为启动压力，由于安装了多级气举阀，该启动压力远远小于光油管的启动压力。随后，气体首先从顶阀进入油管，使得顶阀上部的油管内的混合液密度降低[图3-53（b）]，油套环空中的液体继续进入油管，环空液面也随之降低[图3-53（c）]，由于油管内液柱密度降低，使第一级阀处的环空注气压力和油管流动压力降低，当降到某一值时，第一级阀的阀孔关闭[图3-53（d）]，高压气体继续推动环空液面下降到第二级阀，并从第二级阀的阀孔进气，继续将油管内的液体举出井筒。

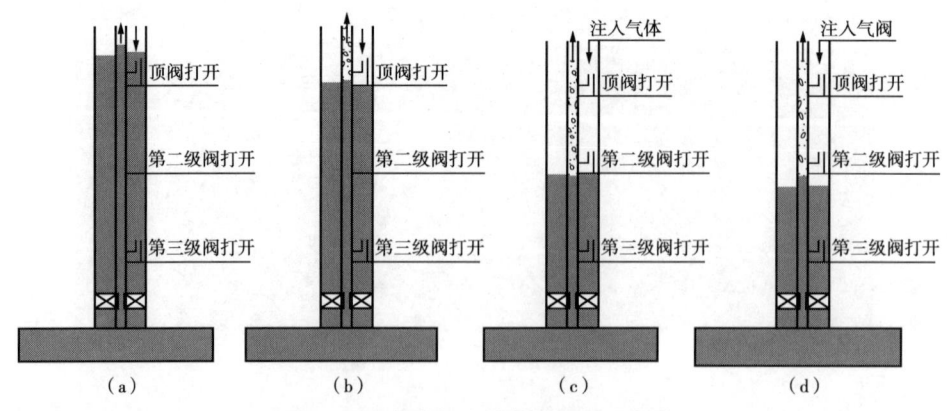

图3-53 气举阀连续卸载过程示意图

图3-54为四级气举阀排液的工作曲线，图中从原点到A点为启动过程，此时注入压力逐步上升并达到最大值，所有气举阀均处于开启状态，将环空液体挤入油管，此时A点对应的压力为气举排液的启动压力，而该点对应的深度为第一级气举阀的深度，此后环空液面不断下降，当下降到B点时，第一级阀关闭，同时第二级阀开始过气，B点对应的深度即为第二级阀的深度；同理，C点、D点对应的深度分别为第三级、第四级阀的深度。

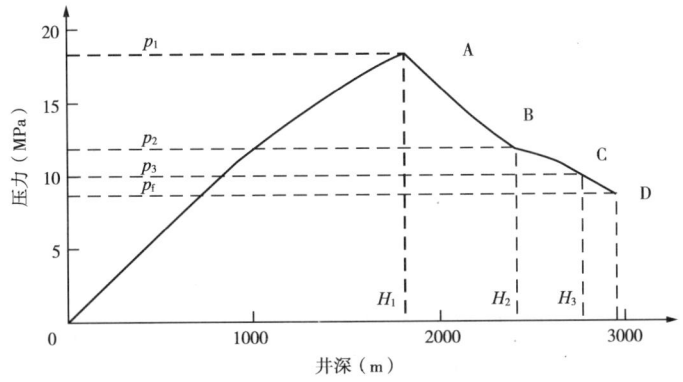

图 3-54　气举阀排液工作曲线

气举阀按安装方式分为投捞式气举阀和固定式气举阀，按打开方式分为套管压力操作阀和油管压力操作阀，按内部结构分为弹簧式气举阀和波纹管式气举阀，按受力方式分为平衡式气举阀和非平衡式气举阀。现场主要应用的是固定式非平衡波纹管套管压力操作阀，如图3-55 所示。

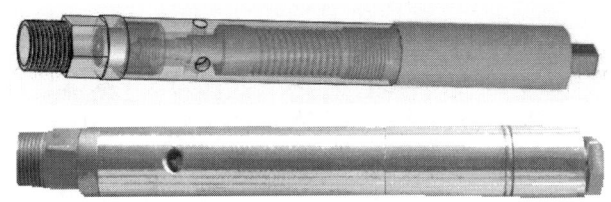

图 3-55　套管压力操作气举阀

固定式套管压力操作阀主要是由本体、波纹管、阀孔、阀杆和阀座等组成，其工作原理如图 3-56 所示。注入气体从油套环空进入气举阀，该部分气体的压力主要作用在波纹管上，而油压则通过工作筒的入口作用在阀杆上。当两部分作用力之和大于充气室内氮气的作用力时，阀杆上移，阀孔打开，环空内气体进入油管。

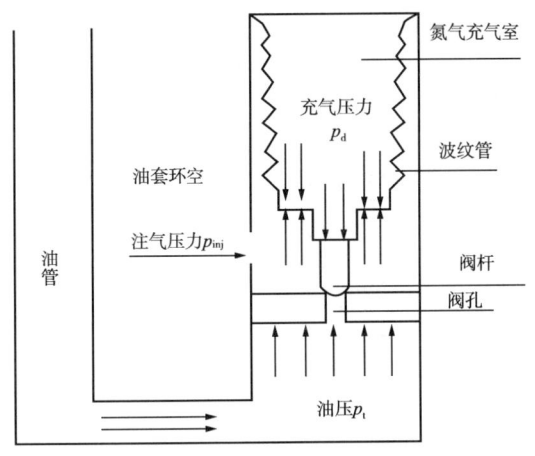

图 3-56　套管压力操作气举阀工作原理图

投捞式套管压力操作气举阀的工作原理和内部结构与固定式气举阀相同，在外部结构上增加了打捞头和密封机构（图3-57）。

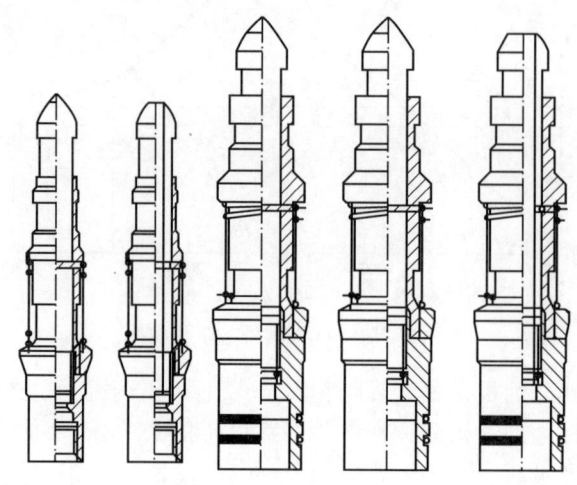

（a）SDT1-1　（b）SDT1-2　（c）SDT2-1　（d）SDT2-2　（e）SDT2-3

图3-57　投捞式气举阀打捞头结构示意图

3）气举工作筒

气举工作筒是气举阀的安装载体，分固定式工作筒和投捞式偏心工作筒。

固定式工作筒用于安装固定式气举阀，根据阀的安装位置不同分为外挂式及内置式两种（图3-58），主要由气举阀座，筒体和进气孔等组成。

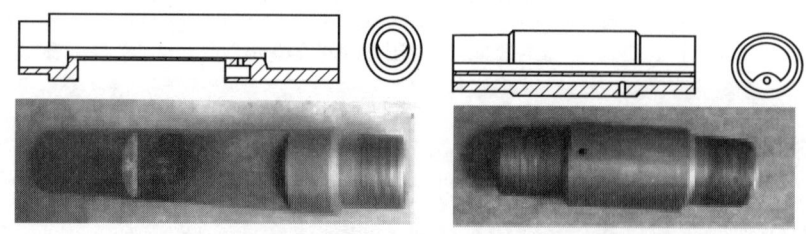

（a）外挂式工作筒　　　　　　　（b）内置式工作筒

图3-58　气举工作筒结构及实物图

固定式工作筒随油管作业时下入，更换气举阀时需要起出油管，常用套管压力操作气举阀工作筒技术参数见表3-21。

表3-21　常规套管压力操作气举工作筒主要技术参数表

序号	代号	适用油管规格（外径）mm	最大外径（mm）	长度（mm）	承压（MPa）
1	GZT-1.9	48.3	86.3	1000	30
2	GZT-2.375	60.3	98.2		
3	GZT-2.5	73	110		
4	GZT-3.0	88.9	126		

投捞式偏心工作筒是安装投捞式气举阀的装置，更换气举阀时不需要起出油管，通过钢丝作业完成气举阀的投捞，主要由筒体、导向机构、阀囊和进气孔等组成。气举阀安装在阀囊内，投捞作业时由导向机构引导工具串进行气举阀的投捞作业。

4）管柱结构

常用的气举管柱结构有开式、半闭式和闭式 3 种（图 3 – 59）。

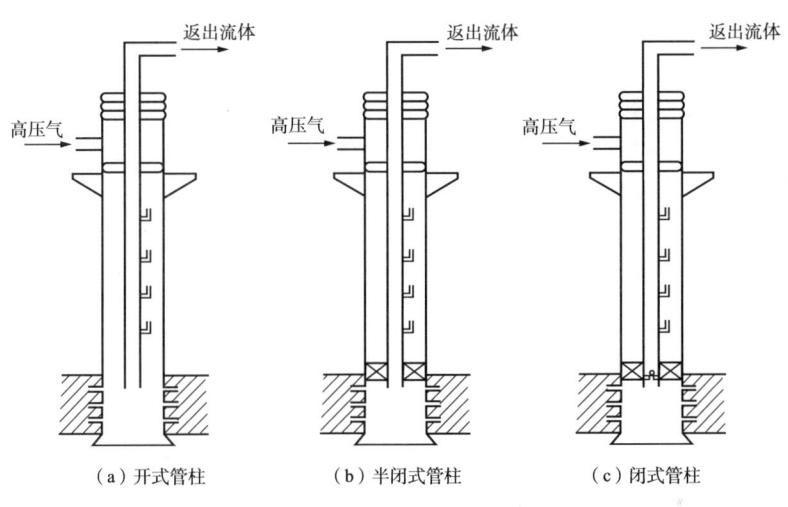

图 3 – 59　气举管柱结构示意图

开式管柱是将油管直接悬挂在井筒内；半闭式管柱在开式管柱的基础上增加封隔器；闭式管柱在半闭式管柱的基础上在油管底部增加单流阀。3 种管柱结构的主要特点见表 3 – 22。

表 3 – 22　不同气举管柱结构特点

管柱结构	结构特点	适用条件	优点
开式管柱	光油管	高产液指数 高井底压力	完井工艺简单； 可用于无法使用封隔器的气井； 理论注气深度可达到油管鞋，适应井底条件范围大
半闭式管柱	带封隔器	低井底压力	可避免注入气进入地层； 环空液面稳定，易控制注入气； 避免每次关井后卸载
闭式管柱	带封隔器、单向阀	低井底压力	防止井筒内液体被压回地层； 同时具有半闭式气举装置的优点

长庆气田采气管柱主体采用压裂完井生产一体化管柱，为了提高气井压后液体返排率，部分气井应用压裂—气举排液一体化管柱（图 3 – 60）。由于产层物性差，气井产量低，后期气举排水采气作业不更换管柱。

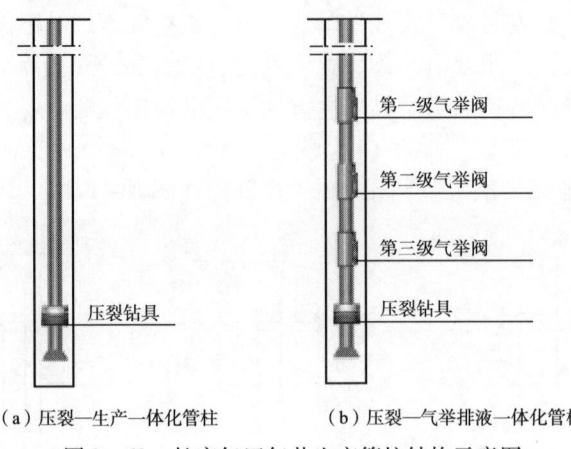

图 3-60　长庆气田气井生产管柱结构示意图

（a）压裂—生产一体化管柱　　（b）压裂—气举排液一体化管柱

三、气举工艺设计

1. 气举阀排液工艺设计（套管压力操作气举阀）

气举阀排液设计的主要内容包括所需级数、各级阀的深度以及打开压力等。

（1）阀打开压力计算

令 $R = \dfrac{A_v}{A_b}$，当 $p_{t@h_i} = 0$ 时，在井温 T_v 条件下打开阀的最大套压：

$$p_{vo@T_v} = \dfrac{p_{bt}}{1-R} \tag{3-52}$$

顶阀打开压力设计原则：低于阀深度处的启动压力；气井卸载或复产后，高于阀深度处注气压力。

（2）阀的地面调试压力和井下打开压力的计算。

在井下，阀的充氮压力：

$$p_{bt} = p_{v@h_i}(1-R) + p_{t@L} \cdot R \tag{3-53}$$

令油管效应系数 $TEF = \dfrac{R}{1-R}$，由计算得到的 p_{bt} 确定 p_b，有：

$$p_b = \dfrac{Z_0 T_0}{Z_v T_v} p_{bt} \tag{3-54}$$

阀调试温度下的打开压力 p_{vo}：

$$p_{vo} = \dfrac{p_b}{1-R} \tag{3-55}$$

阀在井下的打开压力 $p_{v@L}$：

$$p_{v@L} = \dfrac{p_{bt}}{1-R} - p_{t@L} \cdot TEF \tag{3-56}$$

（3）顶阀深度 h_1 计算。

顶阀的深度根据最高注气压力（启动压力）、井底压力和静液压力梯度确定。为确保工艺正常运行，考虑适当安全距离，一般为 50m。

如果液面接近井口，顶阀的深度根据能提供的最大启动压力来确定，有：

$$h_1 = \frac{p_{ko} - p_{tf}}{G_s} - 50 \quad (3-57)$$

若产层吸液能力强，在注气压力作用下井筒中有部分或全部流体被压入到地层中，则根据装备和气源井能力适当增加顶阀深度，顶阀设置深度如下：

反举

$$h_1 = D_{sc} + \frac{p_{ko} - p_{tf}}{G_s + \frac{V_{环}}{V_{油}}(1-k)G_s} - 50 \quad (3-58)$$

正举

$$h_1 = D_{sc} + \frac{p_{ko} - p_{tf}}{G_s + \frac{V_{油}}{V_{环}}(1-k)G_s} - 50 \quad (3-59)$$

（4）其余阀深度的计算。

已知顶阀深度，其余阀的深度可通过阀的间距公式求出。有：

$$h_{i+1} = h_i + \frac{p_{v@h_i} - p_{tf} - G_{fa}h_i}{G_s} \quad (3-60)$$

（5）天然气的温度——重力修正系数的计算。

天然气的温度——重力修正系数的计算：

$$C_i = 0.0544[\gamma_g(1.8T_v + 492)]^{\frac{1}{2}} \quad (3-61)$$

式中 $p_{v@h_i}$——阀深度处的套管注气压力，MPa；

$p_{t@h_i}$——阀深度处的油管压力，MPa；

$p_{vo@h_i}$——在井温为 T_v 条件下打开阀的最大压力，MPa；

p_{vo}——调试温度条件下，阀的打开压力，MPa；

p_b——调试温度条件下，阀的充氮压力，MPa；

p_{bt}——井温条件下，波纹管及腔室的充氮压力，MPa；

p_{ko}——地面注气启动压力，MPa；

p_{tf}——井口流动压力，MPa；

p_{vo}——调试温度条件下，阀的打开压力，MPa；

D_{sc}——气井静液面深度，m；

A_v——阀座孔眼面积，mm²；

A_b——波纹管有效截面积，mm²；

T_0——气举阀调试温度，℃；

T_v——气举阀所在井深温度，℃；

Z_0——温度为 T_0 时氮气的压缩系数，无量纲；

Z_v——温度为 T_v 时氮气的压缩系数，无量纲；

G_{fa}——注气点以上的流压梯度，MPa/m；

G_s——静液梯度，MPa/m；

h_1——顶阀深度,m;

h_i——第 i 级阀深度,m;

C_i——第 i 级阀的温度—重力修正系数,无因次;

r_g——天然气的相对密度,无因次;

DBV——阀之间的距离,m;

DOV——阀的深度,m;

DVA——上一支阀的深度,m。

k——地层吸液系数,无量纲;若气井裂缝非常发育,压井液在注气压力下能完全压入井底,则 $k=0$,反之当气井处于特低渗区域,可近似认为 $k=1$;对闭式气举井,$k=1$;

$V_环$——未注气时顶阀以上液体所占环空容积,m^3;

$V_油$——未注气时顶阀以上液体所占油管容积,m^3。

2. 光油管气举工艺设计

对于未下入气举阀的气井,气举应用的有效前提是气—液界面必须能够到达油管鞋处,对气源压力需求较高。采用正举、反举两种不同气举方式的气源压力需求及举升效率存在较大差异,如何根据增压设备及气举井参数选择合理的气举方式,保证气源压力满足气举复产需求是该类气井气举设计的关键。

根据气举前井筒内压力平衡关系有(图 3-61):

$$p_t + \rho g h_1 = p_c + \rho g h_2 \tag{3-62}$$

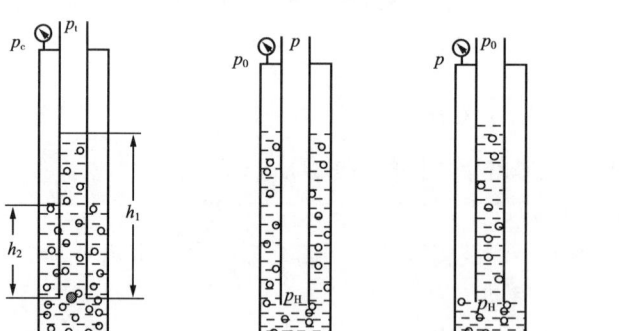

(a)气举前　　　(b)正举　　　(c)反举

图 3-61　光油管气举井筒压力平衡关系示意图

实现气举诱喷的前提是注入压力必须大于气体到达管鞋时的井底流压。当气井进行反举作业时,油管井口放喷。气液界面到达管鞋时,环空液体全部进入油管,此时井底流压等于油管内液柱压力与井口放空压力之和。

假设气源压力为 p,管鞋处的注入压力:

$$p_H = p \cdot e^{\frac{0.03415 \rho_g H}{TZ}} \tag{3-63}$$

则实现反举诱喷的条件为:

$$p_H > \rho_l g \left(h_1 + \frac{S_2}{S_1} h_2 \right) + p_0 \tag{3-64}$$

实现正举诱喷的条件为：

$$p_H > \rho_1 g\left(h_2 + \frac{S_1}{S_2}h_1\right) + p_0 \quad (3-65)$$

式中　p——气源压力，MPa；

　　　p_H——管鞋处注入压力，MPa；

　　　p_t——气举前井口油压，MPa；

　　　p_c——气举前井口套压，MPa；

　　　p_0——大气压力，MPa；

　　　h_1——油管积液深度，m；

　　　h_2——套管积液深度，m；

　　　H——油管下入深度，m；

　　　S_1——油管横截面积，m²；

　　　S_2——油套环空横截面积，m²；

　　　ρ_1——井筒液体平均密度，kg/m³；

　　　ρ_g——天然气平均密度，kg/m³；

　　　T——管鞋处温度，℃；

　　　Z——天然气压缩系数。

根据上述公式计算得到正反举的适用条件见表 3-23。

表 3-23　不同气举方式适用条件（光油管气举）

举升工艺	适用条件
反举	$h_1 < \left[\dfrac{(p \cdot e^{\frac{0.03415\rho_g H}{TZ}} - p_0)\,S_1 + S_2\,(p_c - p_t)}{\rho g\,(S_1 + S_2)}\right]$
正举	$h_1 < \left[\dfrac{(p \cdot e^{\frac{0.03415\rho_g H}{TZ}} - p_0)S_2 + S_2(p_c - p_t)}{\rho g(S_1 + S_2)}\right]$

第五节　排水采气新工艺

长庆气田现已形成了泡沫排水、柱塞气举、速度管柱和气举复产等 4 项主体排水采气技术，考虑随着气田开发的进行、地层能量将衰减，现有排水采气工艺将无法满足应用需求，为了寻求新的接替工艺，结合长庆气田气井生产状况和出水特征，探索开展了涡流工具、旋流雾化等新工艺的研究和试验，取得了一定的成效和认识。

一、涡流工具排水采气工艺

1. 技术原理

涡流工具排水采气技术是通过在气井井下安装涡流工具，将气液紊流流态转变为规则的涡旋上升环膜流流态，涡旋上升环膜流提高了气体的携液能力，有效降低最小临界携液流量，减小井筒摩阻损失达到排水采气的效果。井筒气—液两相流体通过涡流工具时，井下涡流工具的螺旋叶片使得两相流体受力旋转，液体由于密度较大，通过涡流工具后产生液流沿着套管壁螺旋上行，而气体由于密度较小，经过工具后，在井筒中心以旋流方式向上运动。涡流工具能够将泡状流、弹状流和泡沫状流等不规则紊流流体转换为规则的涡流流体，涡流流态减少了介质之间分子的碰撞和油管轴向上的压力降，降低了气液滑脱，相同流速的气体可以携带更多的液体。技术原理如图3-62所示。

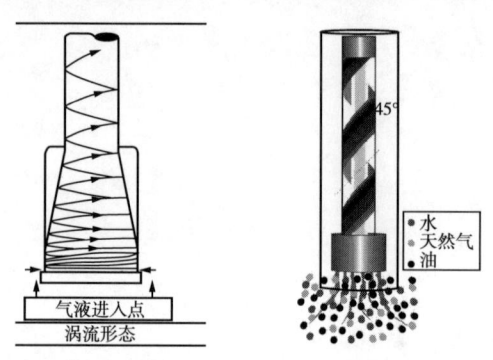

图3-62　涡流工具排水采气技术原理示意图

2. 涡流技术的发展

涡流技术是基于螺旋流动发展起来的新技术，螺旋运动比垂直上升运动减少了能量的消耗，被广泛应用于物料运输领域，特别是粉尘、颗粒物料的涡旋气力输送的工程中。

2000年Lane和Prince设计了人工产生螺旋涡流的方法和装置，这种方法最初应用于水平管道的输送中，应用发现螺旋涡流的长度随着空气体积或物料质量的变化而变化。该装置在较低压力下能够运行，但物料在导管中的流动不能达到充分地稳定，限制了物料的传输距离。2003年进一步发展了该装置和方法，主要用于将"可流动的"物料（包括液体及气体）在导管中传输较长距离，通过在物料周围形成边界层实现物料的传输。

2007年，Dougherty，Fehn和Smith提出产生涡流的装置及方法，流体流经螺旋角为70°的一圈螺旋导流板后，形成一段长度的螺旋涡流，根据实际应用情况可以对装置做适当的改变，比如螺旋角大小、螺旋的长度、导流片的种类、内筒直径和长度、内筒空心或实心、内筒顶端的形状、流体入口的结构等。

井下涡流工具排水采气技术目前已在BP公司、Marathon石油公司等多家公司试验并应用。2002—2006年，美国能源部主持了对这些工具的实验室和现场测试工作，在Marathon石油公司7口页岩气气井进行了井底涡流排水采气试验，试验表明井下涡流工具可以替代之前使用的螺杆泵和电潜泵而使气井自喷，节约了运营成本，而且可使气井在低于临界携液产量下自喷。

3. 主要设备

1）井下涡流工具类型

涡流工具按照安装位置不同主要有3种类型，分别安装在油管底部、中部和内部。

（1）安装于油管底部的涡流工具，以螺纹方式与油管连接，安装时必须提起油管，对井底井况要求比较苛刻，结构如图3-63所示。

（2）安装于油管中部的涡流工具，采用上下螺纹连接，可以安装在油管中间任何位置，降低对井底井况的要求，但安装时需要提出油管。结构如图3-64所示。

图3-63 安装于油管底部的涡流工具　　图3-64 安装于油管中部的涡流工具

(3) 安装于油管内部的涡流工具,利用油管的接箍将井下涡流工具定位坐封。采用了可投放、捞出式结构设计,通过在井筒中的钢丝绳作业,投放并坐封在油管任意接箍处。安装时不用提起油管,方便投捞作业,这种结构涡流工具目前最常用。结构如图3-65所示。

2) 井下涡流工具结构及参数

通过井下涡流工具实现流态调制,涡流工具的结构及参数将决定涡旋上升环膜流的参数。结构主要由投捞鱼头、涡旋变速体、导向腔、坐封器等部件组成,如图3-66所示。

图3-65 安装于油管内部的涡流工具

(1) 投捞鱼头:主要用于涡流工具投放、打捞,可与投捞器相连接。

(2) 涡旋变速体:由一个圆柱形或圆锥形的内实体和外螺旋叶型片构成,作用是改变多相流体的运动方向和流速。螺旋状结构可以将井筒中的多相紊流流态调制成涡旋状的分层流态,在离心力的作用下,密度大的介质在井筒管壁附近流动,密度小的在井筒靠中心的位置流动。

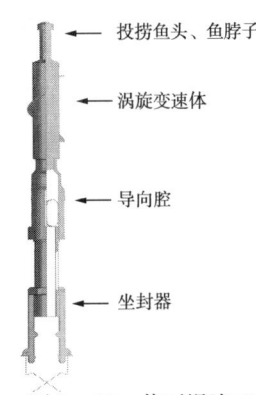

图3-66 井下涡流工具结构示意图

(3) 导向腔:导引流体方向,把垂直流向变为侧流。

(4) 坐封器:采用油管接箍坐封,通过钢丝绳作业,把井下涡流工具坐封在油管设计深度,固定涡流工具。

3) 井下涡流工具的特点

(1) 携液能力强。井下涡流工具可以降低油管内的压力降,在相同的气体速度时,安装井下涡流工具井中的气体可以携带更多的液体,甚至在低速气井中也可以进行排液。

(2) 提高气井最终采收率。涡流工具可以减少油管中的压力降,降低了能量的损失,使能量更高效地利用。在相同的地层压力下,安装涡流工具气井能量消耗更少,可以采出更多的气体。

(3) 安装简单。打捞式涡流工具设置在专用油管短节或环形回挡中,通过钢丝/测井电缆嵌入油管,安装简单。

(4) 可进行联合排水采气。与泡排联合使用,可以减少表面活性剂的用量;与柱塞举升联合使用时,可以降低井底流压。

4）涡流工具安装

井下涡流工具通过钢丝绳作业，采用SD投捞器安装、坐封如图3-67所示。投放，安装步骤如下：

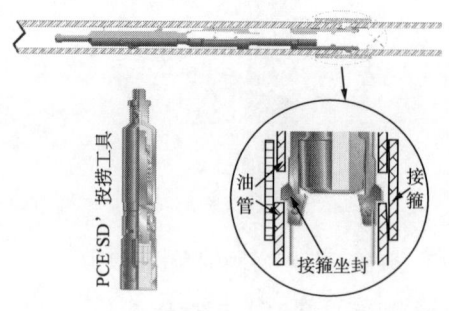

图3-67 井下涡流在油管接箍坐封示意

（1）设计、优化井下涡流排水采气工具级数与安装深度。正常运行的井下涡流排水工具，可将液位保持在近油管底部位置。

（2）投放井下涡流排水采气工具前，应使用通井规和刮管器全井筒通井，保证油管内完全畅通，符合设计要求。

（3）施工前，用卡簧将接箍挡环下部的弹簧板卡住，使弹簧板下端部保持收紧状态。

（4）钢丝投放工具串连接SD投捞器，投捞器连接投捞鱼头上部，井下涡流排水工具通过钢丝缓慢、平稳下入油管柱。

（5）当涡流工具下放到设计位置时，上提钢丝，卡簧弹开，之后下放钢丝，涡流工具沿油管下滑，接箍挡环在油管接箍处自动卡住。

（6）下击工具串，使接箍挡环在油管接箍处卡定牢固。

（7）上提钢丝或测井电缆投放工具串剪断SD投捞器的销钉，释放涡流工具。

（8）上提钢丝或测井电缆，起出投放工具串，完成施工。

4. 应用实例

为探索涡流工具排水采气技术在长庆气田的适用性，2010—2012年先后在苏36-4-3等4口井开展了应用试验，试验情况见表3-24。

表3-24 井下涡流排水采气工艺试验情况

井号	试验时间	投放深度（m）		试验前			试验后			增产气量（$10^4 m^3/d$）
		1#	2#	油压（MPa）	套压（MPa）	产气量（$10^4 m^3/d$）	油压（MPa）	套压（MPa）	产气量（$10^4 m^3/d$）	
苏36-4-3	2010.8.11	3345	1627	1.45	8.69	0.068	2.2	14.7	0.4841	32.3
苏6-16-25	2010.9.28	3195	1600	2.64	6.75	0.51	2.63	8.53	0.6109	6.6
苏4-11-38	2011.8.27	3360	1772	2.88	8.73	0.58	2.67	6.12	1.11	148.4
苏14-1-09	2011.12.7	3455	1870	2.54	5.48	0.2753	1.29	5.73	0.2853	1.5

（1）苏14-11-38井应用分析。

苏14-11-38井试验前油压为2.88MPa，套压为8.73MPa，日均产气量为$0.58 \times 10^4 m^3$，油套压差为5.85MPa，气井积液严重，生产曲线如图3-68所示。

采取井下涡流排水采气工艺后，套压下降为6.12MPa，日产气量上升为$1.11 \times 10^4 m^3$，累计增产$148 \times 10^4 m^3$。

(2) 应用总结。

气井井下涡流排水采气工艺是一项新型的排水采气新技术,该技术在苏里格气田苏 36-4-3 等 4 口井试验结果表明,对于日产气量大于 $0.5 \times 10^4 \mathrm{m}^3$ 的积液气井,该技术排液效果明显,能够延长井稳产时间。

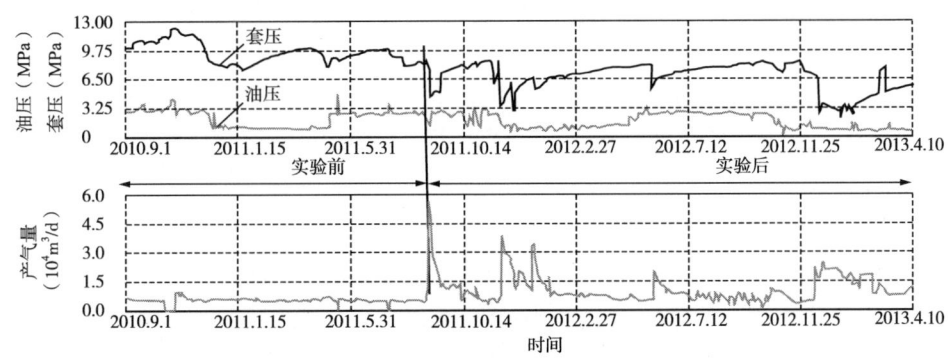

图 3-68 苏 14-11-38 井生产曲线

二、旋流雾化排水采气技术

1. 技术原理

旋流雾化排水采气技术是一种排除气井积液的新措施,通过在气井井筒中投放旋流雾化排水采气工具,充分利用井底气体和液体本身所具有的压力势能,经过雾化喷嘴内旋流气动作用,将积液雾化成微米级的雾滴并均匀分布在气流中,形成均匀的两相流,依靠气井自身能量将液体携带到地面,以提高气井的携液能力。旋流雾化排水采气流程如图 3-69 所示。

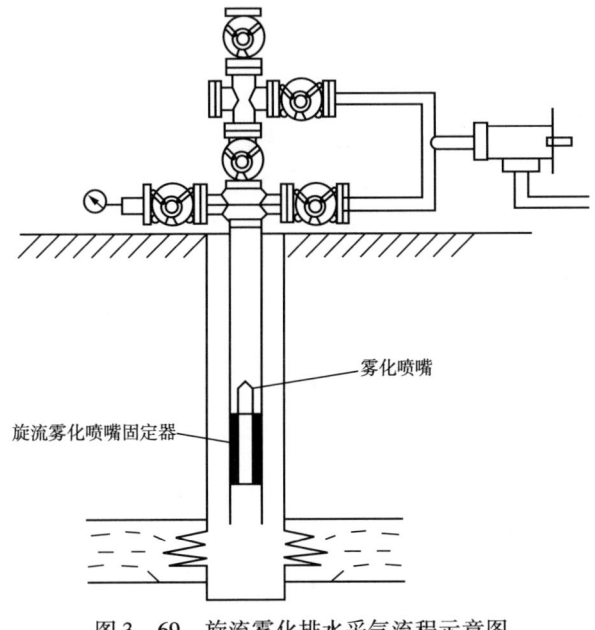

图 3-69 旋流雾化排水采气流程示意图

旋流雾化过程采用亥姆赫兹哨结构，利用液体本身的动能使液流产生动力扰动，从而产生声振动的力学等效应破碎、均化、细化液体，降低黏度。液体在喷嘴内经相关结构形成薄的旋转液膜，在喷口处喷出射流，在扰动的作用下，射流破碎成液滴，实现射流破碎和液膜破碎；同时，在喷口出口处，液膜的内外同时有两股高速旋转的气流喷出。高速气流与低速液膜互相冲击、剪切、摩擦，破坏了液体表面的张力和黏性力，从而获得细小的雾滴，实现良好雾化。

亥姆赫兹哨是一个简单的共振器，由两个腔体组成，如图 3-70 所示。由流体流动速度差形成扰动发声，其发声的基波频率，由腔体决定，频率越高，雾化颗粒的直径越小，频率与空腔体积关系式为：

$$f = \frac{c}{2\pi}\sqrt{\frac{r}{V}} \tag{3-66}$$

式中　f——基波频率；

　　　c——声速；

　　　V——空腔体积；

　　　r——与腔连接管有关的系数。

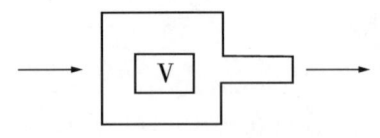

图 3-70　亥姆赫兹哨示意图

由式（3-66）可以看出，"亥姆赫兹哨"发出的超声波频率与腔体尺寸有关，当腔体体积尺寸 V 合适时，在足够气流速度差驱动下，能够发出足够高频率的超声波，可将液体击碎成微米级直径的液滴，此时只需要很低的气体流速就能够将井底积液携带出井筒，实现排水采气的目的。

为了能让"亥姆赫兹哨"在井下气液混合流动环境下能够发声，在流体流过"亥姆赫兹哨"之前采用了一个能够产生双旋流的分离装置将气、液分离，使流过"亥姆赫兹哨"的流体为气体，且旋流分离装置也有一定破坏液体表面张力使液滴破碎的作用，最后分离后的气、液再经过雾化喷嘴再次雾化，三重作用使液体充分雾化，如图 3-71 所示。

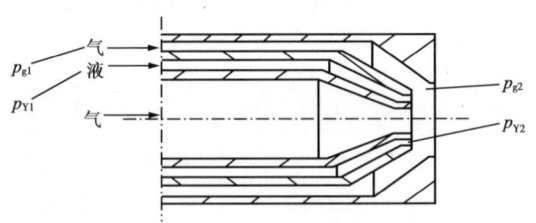

图 3-71　旋流雾化井下排水采气喷嘴示意图

该装置在 ϕ73mm 油管中，能够在最低瞬时流量 208m³/h 时驱动，发出超声波，雾化后的液滴直径可达 78~88μm，液体雾化程度可达 93.6%。

2. 装置介绍

1）结构组成

超声旋流雾化装置由雾化装置、分离装置、密封装置、打捞装置和卡定装置等组成，如图 3-72 所示。

雾化喷嘴总成由超声波雾化装置（亥姆赫兹哨）和双旋流气动超声雾化喷嘴构成；分离装置包括柱体螺旋分离器和锥体螺旋分离器两部分；打捞装置包括打捞头和打捞套；密封装置

包括自密封装置和气压密封装置；卡定装置为凸轮卡定器。配套装置包括支撑装置和投捞装置，支撑装置设计成接箍式卡定器，投送工具为专用投送接头，打捞工具为弹簧爪打捞筒。

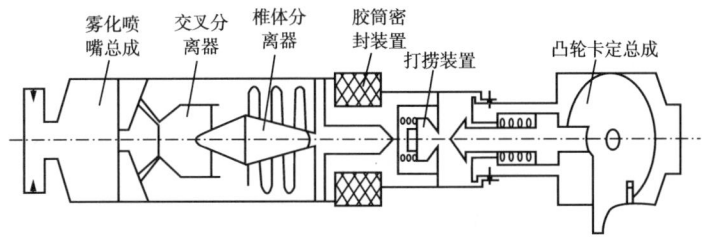

图 3-72　旋流雾化装置结构示意图

2）装置原理

将卡定器下至指定位置，投送超声旋流雾化装置到卡定器位置，用振击器振断小销钉，自密封皮碗恢复原状，紧贴油管壁，在井下气体压力和雾化喷嘴节流的作用下，雾化器整体上移，移至上一接箍处时凸轮卡定器卡定，雾化器不再上移。在雾化喷嘴节流压差的作用下机械密封的支承上移，进入橡胶皮碗，实现机械密封，保证了密封的可靠性。井下气—液混合物经柱体分离器初步分离，再进入锥体分离器加速分离后进入交叉分离头，气体和液体分别进入双旋流流道，在内混式或外混式雾化喷嘴的喷口处喷出成雾，实现降低密度、预防积液、延长稳产期的目的。打捞时只需振断大销钉，自打捞头起作用，用钢丝上提雾化装置，凸轮卡定器自动收回，装置被提出井外。

3）坐封设计

旋流雾化排水采气工具采用卡定器坐封结构，该结构主要适用于气井油管间有接缝状况（如 EUE 扣型油管），针对气井油管连接之间无缝隙或缝隙小的状况（如 FOX 扣型油管），卡定式坐封器将无法实现坐封。针对该问题，考虑卡瓦结构可在光滑的油管中实现坐封，因此将旋流雾化工具设计为卡瓦式、胶筒式坐封原理，如图 3-73 所示。

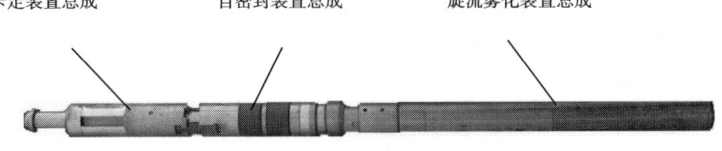

图 3-73　旋流雾化装置结构实物图

卡瓦式旋流雾化排水采气工具由卡定装置、雾化装置和密封装置等三部分组成，卡定部分由卡瓦和投送与打捞接头组成；雾化部分包括超声雾化装置（亥姆赫兹哨）和双旋流气动超声雾化喷嘴；密封装置包括胶筒、胶筒的压缩和解压装置。

3. 技术指标

1）旋流雾化喷嘴设计参数

旋流雾化排水采气技术应用根据气井井深、油管压力、套管压力、日产气量、产水量等参数设计适合气井自身的旋流雾化工具，设计参数包括以下五部分：

（1）雾化喷嘴直径；

（2）切向槽数量；

(3) 切向槽面积;
(4) 切向槽深度;
(5) 旋流室直径。

旋流雾化喷嘴参数确定可根据文献 [5] 第 3 章中公式计算。

2) 设计参考标准

旋流雾化工具设计参数、雾化后液滴直径、雾化程度需达到以下要求:

(1) 雾化直径:78~88μm;
(2) 雾化程度:93.6%~97.2%;
(3) 雾化角:11°~16°;
(4) 雾化器的最大外径:56mm;
(5) 总长度:860mm;
(6) 适应井底温度:≤180℃;
(7) 适应井底压力:≤35MPa。

4. 试验情况

旋流雾化井选择需考虑四方面条件:

(1) 选择具有一定能量但产气量不能将井内的液体完全带出地面的气井,如将要积液的气井或靠激动式放喷排液维持正常生产的气井;
(2) 油管无弯曲变形,井斜小于 30°;
(3) 井深小于 3500m;
(4) 日产液量小于 20m³。

5. 应用实例

在对旋流雾化排水采气理论研究的基础上,长庆气田 2011 年在榆林气田开展应用 6 口井,应用后气井携液能力明显改善。

(1) 榆 31-0 井应用分析。

榆 31-0 井开采层位盒$_8$+马五$_{12}$+马五$_{13}$,无阻流量为 $16.3939 \times 10^4 \text{m}^3/\text{d}$,2005 年 9 月 6 日投产,气井生产参数见表 3-25。

表 3-25 榆 31-0 井参数表

储层分类	Ⅲb	完钻日期	2005.9.6
生产层位	盒$_8$+马五$_{12}$+马五$_{13}$	气层中深(m)	3011.15
无阻流量($10^4\text{m}^3/\text{d}$)	16.3939	当前配产($10^4\text{m}^3/\text{d}$)	0.5
油压(MPa)	9.7	套压(MPa)	15.8
产气量($10^4\text{m}^3/\text{d}$)	0.5504	产水量(m³/d)	0.3

该井试验前配产 $0.5 \times 10^4 \text{m}^3/\text{d}$,油套压分别为 9.7MPa 和 15.8 MPa,前期采取提产带液,辅助泡排等措施,平均日产液量较措施前提高 0.2 m³,但油套压差明显增大,通过测

试流压曲线确定气井在2542m以下存在积液,积液影响气井生产。2011年11月22日安装旋流雾化井下排水采气工具,根据气井情况确定旋流雾化工具气嘴直径为4.8mm,安装深度2340m。试验前后采气曲线、应用情况对比如图3-74、表3-26所示。

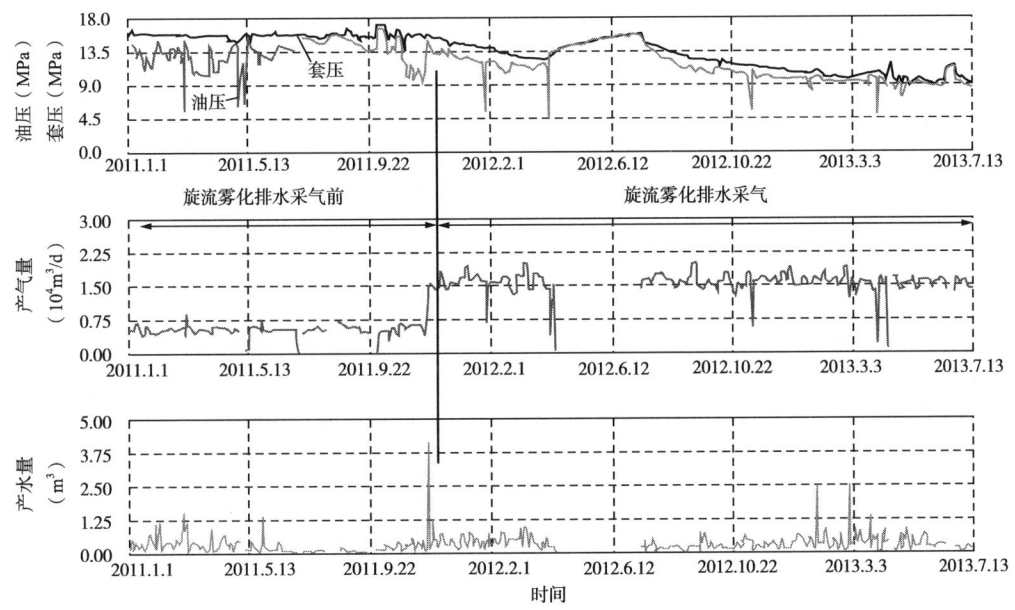

图3-74 榆31-0旋流雾化排水采气曲线

表3-26 旋流雾化排水采气试验前后对比

参数	投放前2个月	投放后2个月
平均油压/套压(MPa)	11.9/16.0	12.8/14.6
平均油套压差(MPa)	4.1	1.8
平均单井产气(10^4m³/d)	0.6146	1.6613
平均单井产液(m³/d)	0.27	0.57
泡排井次	15	0
累计产气量(10^4m³)	30.3898	98.5613
累计产液量(m³)	14.35	35.11

通过对比该井投放旋流雾化井下排水采气工具前后生产情况,投放前,气井平均产气量为0.61×10^4m³/d,平均产水量为0.27 m³/d,油套压分别为11.9MPa和16.0MPa;投放后,平均产气量为1.66×10^4m³/d,平均产水量为0.57 m³/d,油套压分别为12.8MPa和14.6MPa。投放旋流雾化井下工具后,生产平稳,油套压稳定,油套压差较工具投放前减小2.3MPa,日产气量、日产水量均明显增加,无需再采取泡排措施,排液效果明显。

(2)应用总结

旋流雾化排水采气技术在长庆气田应用,适用于在气量在$(0.5\sim1.0)\times10^4$m³/d的Ⅲ类气井。

参 考 文 献

[1] 赵彬彬,白晓弘,陈德见,等. 速度管柱排水采气效果评价及应用新领域 [J]. 石油机械,2012. 40 (11):62 – 65.

[2] Turner R G. Htlbbard M G. Analysis and Prediction of Minimum Flow Rate for the Continuous Removal of Liquids from Gas Wells [C]. SPE 2198,1969.

[3] Li Ming. New View on Continuous Removal Liqulds from Gas Wells[C]. SPE 70016,2001.

[4] 李闽,郭平,谭光天. 气井携液新观点 [J]. 石油勘探与开发,2001,28 (5):105 – 106.

[5] 刘广峰,何顺利,顾岱鸿. 气井连续携液临界产量的计算方法 [J]. 天然气工业,2006,26 (10):114 – 116.

[6] Solomon F A, Falcone G, Teodoriu C. Critical Review of Existing Solutions to Predict and Model Liquid Loading in Gas Wells [C]. SPE 115933,2008.

[7] Nosseir M A, Darwich T A, Sayyouh M H, Sallaly M El. A New Approach for Accurate Prediction of Losding in Gas Wells Under Different Flowing Conditions [C]. SPE 37408,1997.

[8] 解永刚,李晓芸,等. 旋流雾化井下排水采气技术在榆林气田的研究与应用 [J]. 石油化工应用,2013,32 (3):94 – 97.

[9] 李虎. 井下用喷嘴雾化排水采气的工艺研究 [D]. 中国石油大学(华东),2010.

[10] 钟志伟,李长俊,等. 超声雾化排水采气工艺在DK16井应用效果分析 [J]. 天然气勘探与开发,2011,34 (3):52 – 57.

[11] 关密生,王如平. 采气井超声波雾化排液原理探讨 [J]. 石油钻采工艺,1998,20 (2):94 – 96.

第四章　井下节流技术

天然气节流是一个降压降温过程，常规的地面节流工艺，在节流前需要对天然气进行加热，以免节流后气流温度过低而形成水合物堵塞。而井下节流工艺是将井下节流器安装于油管内适当位置，实现井筒内节流降压的一种采气工艺技术。该工艺将地面节流过程转移至井筒之中，可利用地层热能对节流后的低温天然气加热，从而降低井筒与地面管线压力与水合物生成温度，防止形成水合物堵塞，同时提高采气集输系统安全性，降低生产运行和集输管网成本。井下节流技术在苏里格气田全面应用，成为该气田经济有效开发的主体工艺技术之一。

第一节　井下节流技术背景

苏里格气田的天然气组分、压力等因素导致气井开井初期井筒及地面管线易形成水合物，加上苏里格气田所处的西北地区，冬季气温低且持续时间长，气井生产时如果不采取有效措施，水合物堵塞将影响气井安全平稳生产。气井实际生产表明，苏6先导试验区28口生产井中有23口井发生过井筒水合物堵塞，尤其是冬季生产时水合物堵塞特别严重。

2002年试验初期，采用高压集气集中注醇工艺来防止水合物的形成，试验表明这项在长庆其他气田适用的成熟工艺，在苏里格气田开发中不宜采用。2003年在苏6先导试验区12口加密井试验井口加热、井口节流，配以流动注醇车注醇工艺，试验表明该工艺受环境温度影响程度大，井筒及加热炉前管线水合物堵塞仍较频繁。针对这种情况，2004年初在苏39-14-2和苏39-14-3两口加密井试验井下节流技术防止水合物形成，井下节流后油压由20MPa降为3.5MPa，井筒和井口到加热炉没有出现水合物堵塞现象，气井生产不用注醇、开井时率大大提高。

苏里格气田气井生产初期平均油压为20.36MPa，一年后下降到5.31MPa，两年后下降到2.42MPa左右。气井压降速度快，高压生产期仅为1~2年，利用井下节流技术可实现中低压集气。同时，采用井下节流技术后，井口至地面管线压力大大降低，可以取消高压集气集中注醇流程，节省铺设注醇管线、建设注醇泵房等投资，还可以防止井间干扰，实现地面压力系统自动调配，为井间串联、增压输送等地面流程的简化与配套提供支持。因此，井下节流技术成为苏里格气田简化优化地面流程的关键技术。

多年来，通过对井下节流技术的攻关以及多项配套技术的研究，实现了苏里格气田井口不加热、不注醇、集气管线不保温的中低压集气新模式。

第二节 井下节流技术原理

一、井下节流工艺理论

1. 节流调压

当气体或蒸汽在管道中流动，流经阀门、孔板等时，流体从突然缩小的截面通过，由于局部阻力较大，摩擦耗能使气压显著下降，并伴随温变，该过程在热力学中称节流现象。节流是工程上常见的流动现象，广泛存在于油气开采工艺过程中，如油气通过井口油嘴、针形阀、井下油嘴、井下安全阀等节流部件的流动。

天然气经过针形阀节流，具有一般气体节流的特点。天然气通过孔眼，在孔眼附近的气流会发生扰动，因此节流是不可逆的过程。通过孔眼时流速很高，在孔眼附近的气流和外界的热交换一般很小，可以忽略不计，所以节流过程可视为绝热过程。实际气体的焓值是温度和压力的函数，所以节流后的温度将发生变化。这一现象称为节流效应或称为焦耳—汤姆逊效应。

1）微分节流效应

节流时，微小压力变化所引起的温度变化称为微分节流效应，用微分节流效应系数 α_H 表示，有：

$$\alpha_H = \left(\frac{\partial T}{\partial p}\right)_H \tag{4-1}$$

由热力学基本关系式可导出表示微分节流效应系数 α_H 与节流前气体状态参数 p，V 和 T 之间关系的一般表达式：

$$\alpha_H = \frac{T\left(\frac{\partial V}{\partial T}\right)_p - V}{c_p} \tag{4-2}$$

式中　c_p——气体的质量定压热容（比定压热容），kJ/(kg·K)。

对于理想气体，由于 $pV = RT$，$\left(\frac{\partial V}{\partial T}\right)_p = \frac{R}{p} = \frac{V}{T}$，由式（4-2）得 $\alpha_H = 0$，意指理想气体节流时温度不发生变化。

对于实际气体，节流后温度的变化决定于式（4-2）中的分子项 $T\left(\frac{\partial V}{\partial T}\right)_p - V$ 的正负（因 $C_p > 0$）。可能有 3 种情况：

$T\left(\frac{\partial V}{\partial T}\right)_p > V$ 时，$\alpha_H > 0$，节流后温度降低，称节流冷效应；

$T\left(\frac{\partial V}{\partial T}\right)_p = V$ 时，$\alpha_H = 0$，节流后温度不变，称节流零效应；

$T\left(\frac{\partial V}{\partial T}\right)_p < V$ 时，$\alpha_H < 0$，节流后温度升高，称节流热效应。

图 4-1 和图 4-2 分别为甲烷和天然气混合物（组成为甲烷 95%、乙烷 1%、丙烷 1%、二氧化碳 3%）节流后温度随节流后压力的变化曲线。图中每条曲线对应于不同的

入口条件（相应于不同的焓值）。可以看出，两图具有相同的变化规律，每条等焓线均在某个压力点具有一个温度峰值，即存在拐点。在拐点处 $(\partial T/\partial p)_H = 0$，即节流时温度不变；在拐点左侧，随着压力的降低，温度下降，即 $(\partial T/\partial p)_H > 0$；在拐点右侧，随着压力降低，温度升高，即 $(\partial T/\partial p)_H < 0$。即天然气节流后温度的变化亦存在 3 种可能性。

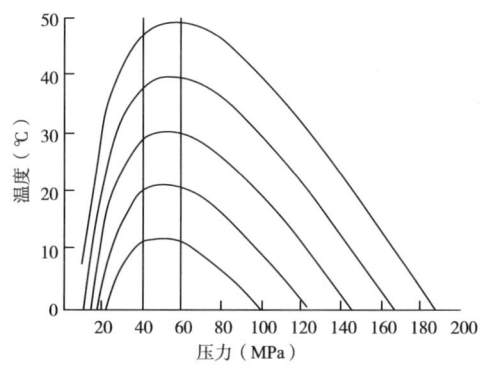 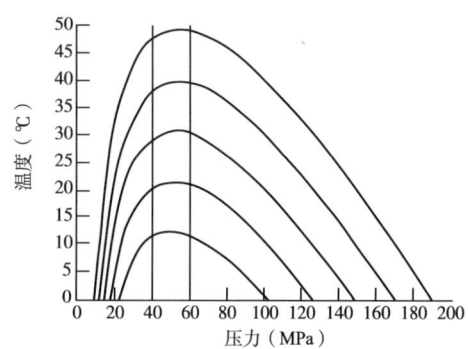

图 4-1　甲烷节流后温度随压力的变化曲线　　图 4-2　天然气混合物节流后温度随压力的变化曲线

由图 4-1 和图 4-2 中还可看出，对天然气（甲烷）而言，拐点的数值基本在 40~60MPa 范围内，当压力低于 40MPa 时，天然气节流后温度降低，当压力高于 60MPa 时，天然气节流后温度上升。由于目前常见的天然气井压力一般在 40MPa 以下，因而通常认为天然气节流产生温降效应，但随着高压或超高压气井的开发，这一结论将不再成立。

为进一步解释天然气节流后温度降低的物理实质，将式（4-2）用另一种形式表达。在热力学上，从麦克斯韦关系式导出的焓的普遍式，可以得出：

$$\left(\frac{\partial H}{\partial p}\right)_t = V - T\left(\frac{\partial V}{\partial T}\right)_p \qquad (4-3)$$

利用式（4-3）和焓的定义式（$H = E + pV$），可以得出：

$$\alpha_h = -\frac{1}{c_p}\left(\frac{\partial E}{\partial p}\right)_t - \frac{1}{c_p}\left[\frac{\partial (pV)}{\partial p}\right]_t \qquad (4-4)$$

式中　E——内能，kJ/kg；

　　　pV——移动功，kJ/kg。

式（4-4）说明节流效应系数主要由内能和移动功两部分能量组成，天然气节流过程：

（1）由于天然气在绝热膨胀过程中，压力降低、比热容增大，此时必须消耗功来克服分子间的吸引力。但是由于外界无能量供给气体，分子间位能的增加只能来自分子动能的减少，因此产生使气体温度降低的效应。即：

$$\left(\frac{\partial E}{\partial p}\right)_t < 0 \text{ 或 } -\frac{1}{c_p}\left(\frac{\partial E}{\partial p}\right)_t > 0$$

（2）对于天然气节流，其移动功随压力降低而增加。即：

$$\left[\frac{\partial (pV)}{\partial p}\right]_t < 0 \text{ 或 } -\frac{1}{c_p}\left[\frac{\partial (pV)}{\partial p}\right]_t > 0$$

综合动能和移动功的变化，得出 $\alpha_H > 0$ 的结论清楚地说明，天然气节流后温度降低。

2) 积分节流效应

实际节流时,压力变化为一有限值。有限压力变化所引起的温度变化,称为积分效应,用符号 ΔT_i 表示为:

$$\Delta T_i = T_2 - T_1 = \int_{p_1}^{p_2} \alpha_H \mathrm{d}p \qquad (4-5)$$

式中　T_1, T_2——分别为气体节流前后的温度,K;
　　　p_1, p_2——分别为气体节流前后的压力,MPa。

最终温度 T_2 可由式(4-6)近似求得:

$$\frac{1}{T_1} - \frac{1}{T_2} = \frac{3.57 \bar{p}_r^{\frac{1}{4}}}{\bar{c}_p T_{r1}}\left[0.005 \times 10^{-3}\ln\frac{p_1}{p_2} + 0.29 \times 10^{-7}(p_1^2 - p_2^2) - 209 \times 10^{-7}(p_1 - p_2)\right]$$

$$(4-6)$$

其中

$$\bar{p}_r = \frac{p_1 + p_2}{2}$$

$$T_{r1} = \frac{T_1}{T_c}$$

$$\bar{c}_p = C_p(\bar{p}_r, T_{r1})$$

气体摩尔定压热容 $C_{p,m}$ 可用近似式求得:

$$C_{p,m} = 3.15 + 0.022T - 0.419 \times 10^{-4}T^2 + \frac{0.238 M_w \cdot p^{1.124}}{(T/100)^{5.08}} \qquad (4-7)$$

式中　p_c——临界压力,MPa;
　　　T_c——临界温度,K;
　　　M_w——气体摩尔质量,kg/kmol;
　　　$C_{p,m}$——摩尔定压热容,kJ/(kmol·K);
　　　p——气体压力,MPa;
　　　T——温度,K。

2. 气体通过节流器的流动特性

井下节流工艺是依靠井下节流器实现井筒节流降压,利用地温加热,使得节流后井口气流温度基本恢复到节流前温度,从而有利于解决气井生产过程中井筒及地面存在的诸多技术难题。

天然气通过节流器的流动状态可分为亚临界流与临界流,两类流态的存在范围如图4-3所示,判别条件为:

$\dfrac{p_2}{p_1} < \dfrac{p_{cr}}{p_1} = \left(\dfrac{2}{K+1}\right)^{\frac{K}{K-1}}$ 时,节流处于临界流状态;

$\dfrac{p_2}{p_1} \geqslant \dfrac{p_{cr}}{p_1} = \left(\dfrac{2}{K+1}\right)^{\frac{K}{K-1}}$ 时,节流处于亚临界流状态。

对于天然气,K 一般取 1.3,故:

$$\frac{p_{cr}}{p_1} = \left(\frac{2}{K+1}\right)^{\frac{K}{K-1}} = 0.546 \qquad (4-8)$$

式中　p_1，p_2——节流器气嘴入口、出口端气压，MPa；

　　　p_{cr}——临界压力，MPa；

　　　K——天然气绝热指数。

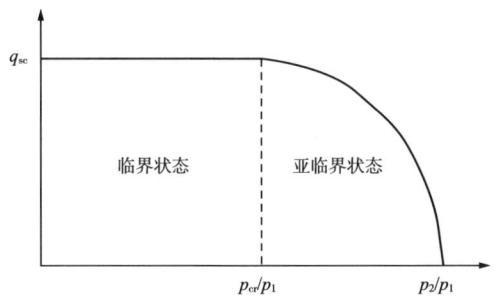

图4-3　节流器流量随压力比的变化关系

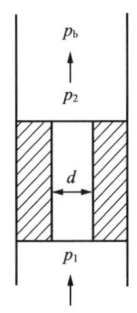

图4-4　流体流经节流装置示意图

流体流经节流器气嘴的流动如图4-4所示。对于亚临界流动，在节流器内，气流速度增大，压力减小，在出口截面处，流速达到最大，压力达到最小，且等于背压，即 $p_2 = p_b$。背压继续降低，节流器出口处的气体流速继续增大，出口压力 p_2 亦随背压 p_b 降低而降低，但始终保持与背压相等。此时通过节流器流量 q_{sc} 与 p_1、p_2 和气嘴直径 d 可由式（4-9）来计算。

当背压 p_b 降低到临界值 p_{cr} 时，节流器出口气流速度达到当地音速，出口压力仍等于背压，即 $p_2 = p_b = p_{cr}$，这时出口流量达到最大值。当背压减小到低于临界压力，即 $p_b < p_{cr}$ 时，节流器出口气流速度仍为当地声速。由于压力扰动向上游传播的速度等于声速，因此由压力差（$p_{cr} - p_b$）引起的扰动不能向上游传播，即节流器的出口气流速度、压力和流量不再随背压而变化，这种现象称之为节流器的壅塞或闭锁现象。此时，气流将在节流器出口后的集气管内首先急剧膨胀，达到超音速，然后通过几道压缩波、膨胀波的作用，流速降低到亚声速，压力达到背压 p_b。通过气嘴流量 q_{max} 与 p_1 和气嘴直径 d 可由式（4-10）来计算。

亚临界状态产量与压力、气嘴直径的关系式：

$$q_{sc} = \frac{4.066 \times 10^3 p_1 d^2}{\sqrt{\gamma_g Z_1 T_1}} \sqrt{\frac{K[(p_2/p_1)^{\frac{2}{K}} - (p_2/p_1)^{\frac{K+1}{K}}]}{K-1}} \tag{4-9}$$

临界状态产量与压力、气嘴直径的关系式：

$$q_{max} = \frac{4.066 \times 10^3 p_1 d^2}{\sqrt{\gamma_g Z_1 T_1}} \sqrt{\frac{K}{K-1}\left[\left(\frac{2}{K+1}\right)^{\frac{2}{K-1}} - \left(\frac{2}{K+1}\right)^{\frac{K-1}{K+1}}\right]} \tag{4-10}$$

式中　q_{sc}，q_{max}——标准状态下（$p_{sc} = 0.101325$ MPa，$T_{sc} = 293$ K）通过节流器的体积流量，m³/d；

　　　d——节流器气嘴直径，mm；

　　　γ_g——天然气的相对密度；

　　　T_1——节流器气嘴入口端气流温度，K；

　　　Z_1——气嘴入口状态下的气体压缩系数。

二、井下节流工艺参数设计

1. 气嘴直径

根据节流器流量模型,在临界流状态下井下节流气嘴的直径计算公式为:

$$d = \left(\frac{1}{4.066 \times 10^3}\right)^{\frac{1}{2}} \left(\frac{q_{\max}}{p_1}\right)^{\frac{1}{2}} (Z_1 T_1 \gamma_g)^{\frac{1}{4}} \left(\frac{K}{K-1}\right)^{-\frac{1}{4}} \left[\left(\frac{2}{K+1}\right)^{\frac{2}{K-1}} - \left(\frac{2}{K+1}\right)^{\frac{K+1}{K-1}}\right]^{\frac{1}{4}} \quad (4-11)$$

可以看出,在临界流状态下,下游压力 p_2 与节流气嘴直径 d 没有关系,其大小取决于系统回压,设计上可以采用计算较为简单方便的简化模型。最大产气量与气嘴直径、压力的关系如图 4-5 所示。

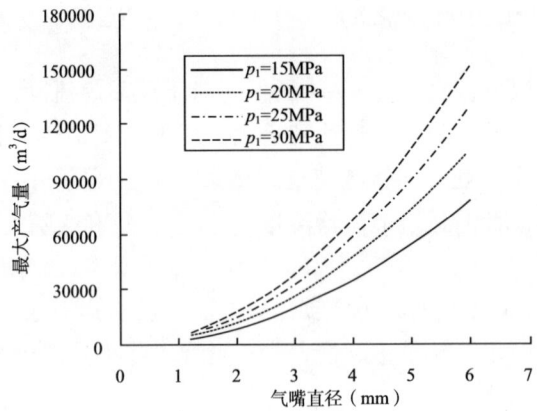

图 4-5 最大产气量与气嘴直径、压力的关系图

从图 4-5 可以看出,在压力一定的情况下,最大产气量随着气嘴直径的增大成曲线上升的趋势;在气嘴直径一定的情况下,最大产气量随着压力的升高增大。

2. 节流器下入深度

井下节流技术通常用于防止天然气井筒水合物的形成。水合物是否形成主要与压力和温度有关,而温度又和节流器所在深度有关。因为井下节流工艺利用地热资源对节流后的气流加热,节流器所在深度将直接决定气流温度沿井筒的分布。

当气体流经节流器气嘴作等熵膨胀时,根据热力学公式有:

$$\frac{t_2 + 273}{t_1 + 273} = \left(\frac{p_2}{p_1}\right)_K^{Z(K-1)/K} \quad (4-12)$$

用地温增率折算气嘴入口处的温度:

$$t_1 = t_0 + H/M_0 \quad (4-13)$$

式中 t_1——节流器气嘴入口处气流温度,℃;

t_2——节流后气流温度,℃;

t_0——井口平均气流温度,℃;

M_0——地温增率,m/℃。

将式(4-13)带入式(4-12),并设 $\beta = \dfrac{p_2}{p_1}$,得:

$$t_2 = (t_0 + H/M_0 + 273)\beta^{Z(K-1)/K} - 273 \qquad (4-14)$$

为了避免节流后温度过低导致冰堵,必须 $t_2 \geq t_h$,即:

$$t_2 = (t_0 + H/M_0 + 273)\beta^{Z(K-1)/K} - 273 \geq t_h \qquad (4-15)$$

式中 t_h——水合物形成温度,℃。

节流器最小下入深度的估算公式为:

$$H \geq M_0[(t_h + 273)\beta^{-Z(K-1)/K} - (273 + t_0)] \qquad (4-16)$$

将 $\beta = \dfrac{p_2}{p_1}$ 带入式(4-16),得节流器最小下入深度 H:

$$H \geq M_0\left[(t_h + 273)\left(\dfrac{p_2}{p_1}\right)^{-Z(K-1)/K} - (273 + t_0)\right] \qquad (4-17)$$

式中 H——节流器最小下入深度,m。

根据式(4-17),从防止水合物形成的角度出发,可得到井下节流器在井筒中的上限位置。实际应用中应根据不同的工艺需要,并考虑井下节流器的适用条件,选择合理的下入深度。

从井下节流器工作寿命考虑,井下节流器投放位置越深,工作环境温度越高,承受的压力也越大(图4-6),对其工作寿命影响越大。因此,实际下入深度不宜过大。

例如,长庆苏里格气田地面采用中低压集气流程,节流器气嘴处为临界流状态,需要保证 $\dfrac{p_2}{p_1}$

$< \left(\dfrac{2}{K+1}\right)^{\frac{K}{K-1}} \approx 0.55$,按井口压力4.0MPa折算出口压力 p_2 约为4.5MPa,所需要的入口压力 p_1 约为8.11MPa,即只要节流器下入深度处压力高于8.11MPa就能保证气嘴处为临界流状态,就可满足地面对中低压集气和井间串接的要求。

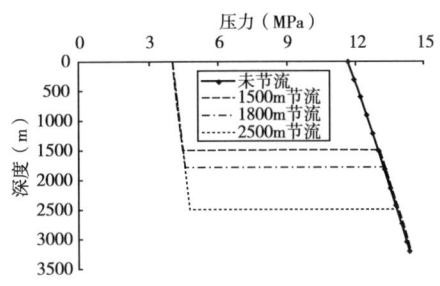

图4-6 节流器不同下深与压力的关系图

三、井下节流工艺的主要作用

1. 降低井口与集气管线压力

井下节流技术,可以大幅度降低井口压力和集气管线压力,从而使井口及集气管线在较低压力下工作,提高了安全性。

2. 防止水合物生成

天然气水合物是在一定压力和温度条件下,天然气中低分子烃类气体与水构成的晶体。气流压力、温度和游离态的水是决定水合物形成的主要因素,压力越高,形成水合物的初始温度越高,水合物越易形成,压力与水合物形成初始温度关系如图4-7所示。

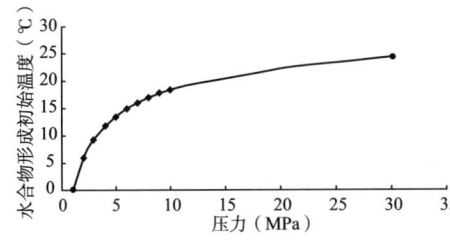

图4-7 形成水合物的压力与温度关系图

采用井下节流工艺技术后,由于节流器下游油管到集气站的压力大幅度降低,水合物形成初始温度随之降低,从而改变了水合物形成条件,减少了水合物生成的可能性。

3. 减轻加热炉负荷

采用井下节流工艺技术后,由于节流器下游油管到集气站的压力大幅度降低,站内针阀节流压降大大减小,从而减轻了集气站内水套炉的负荷,减少了燃气量。

4. 提高气流携液能力

采用井下节流工艺技术后,井下节流器下游的气流压力大大降低,大大提高了气体流速,因而,提高了气流的携液能力,减少了井筒和地面集气管线的积液现象,为气井正常生产提供了条件。临界携液流速为:

$$u_{cr} = 2.5 [\sigma(\rho_1 - \rho_g)/\rho^2_g]^{0.25} \tag{4-18}$$

式中 u_{cr}——气井携液临界速度,m/s;

σ——气液界面张力,N/m;

ρ_g——气体密度,kg/m³;

ρ_1——液体密度,kg/m³。

5. 有利于防止地层激动

根据气嘴流动理论,当上游、下游压力之比达到某值时,穿越气嘴的流速等于声速。在这种状态下无论怎样降低下游压力,介质流速仍保持当地音速,此即气流通过气嘴的临界流动状态。在临界流状态下 $p_2/p_1 \leq 0.546$,根据产量公式,当气嘴直径一定时,产量取决于上游压力,与下游压力无关,所以,下游压力的变化不会影响到地层本身压力,从而有效防止了地层压力激动。同时采用井下节流后,气井生产更加平稳,开关井次数减少也降低了对地层的影响。

第三节 井下节流器技术

井下节流器是井下节流技术的核心工具,该工具结构简单,投放、坐封和打捞通过试井钢丝操作完成,施工安全方便。长庆油田自主研发的井下节流器有卡瓦式和预置式两种,卡瓦式井下节流器通过钢丝作业可投放到油管任何设计位置;而预置式井下节流器的工作筒在新井下完井生产管柱时安装在设计位置,节流器芯子投放在工作筒内,变动节流器位置时需起出油管。

一、卡瓦式井下节流器

1. 主要结构

卡瓦式井下节流器主要由打捞头、卡瓦、本体、密封胶筒及节流嘴等组成,由卡瓦定位,密封胶筒密封。结构如图4-8所示。

2. 投放及打捞作业

卡瓦式井下节流器投放打捞由钢丝作业车操作完成,工艺简便,如图4-9所示。

图 4-8 卡瓦式井下节流器结构示意图

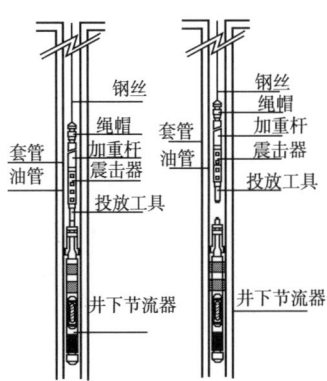

图 4-9 投放工艺原理图

投放时,投放头与节流器通过钢销钉连接,下行时卡瓦松弛,密封胶筒处于自然收缩状态。至设计位置,上提卡瓦定位,向上震击剪断投放头与节流器连接销钉,内部弹簧撑开密封胶筒坐封。开井后节流气嘴上、下形成压差,密封胶筒进一步撑开封牢。

打捞时下放工具串带专用打捞头,向下震击将打捞头与节流器对接,震击时造成卡瓦解卡。同时打捞头挤压工具中心杆,弹簧收缩,密封胶筒回到自然收缩状态,上提打捞操作完毕。

3. 主要特点

由于节流器直接卡定在油管内,坐封位置灵活。但当油管较脏时,坐封难度较大;同时密封胶筒永久变形影响打捞。

二、预置式井下节流器

1. 结构及工作原理

预置式井下节流器由工作筒和芯子两大部分组成,结构如图 4-10 所示。

新井下完井生产管柱时,在设计位置连接工作筒。投产后,利用专用投放工具通过钢丝作业将节流器芯子投入工作筒,依靠芯子上的锁块卡入工作筒槽内实现定位,上提钢丝,投放工具与芯子脱离,完成节流器投放。芯子上的密封组件与工作筒密封面形成良好的密封,气流从芯子中部通过气嘴节流后流出。预置式井下节流器安装示意图如图 4-11 所示。需要更换气嘴时,利用钢丝作业下入配套打捞工具,抓住锁块轴上提,即可捞出芯子。但变动节流器位置时需起出油管。

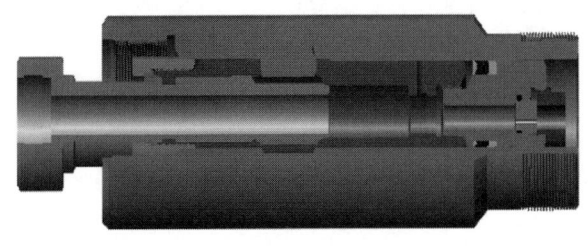

图 4-10 预置式井下节流器结构示意图

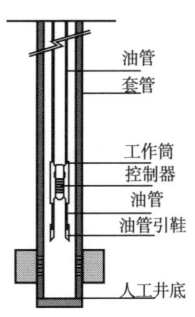

图 4-11 预置式井下节流器安装示意图

2. 性能特点

预置式节流器依靠锁块定位、"V"形胶圈密封,密封间隙只有0.1mm,因此具有更好的密封性能及更大的下入深度。和卡瓦式井下节流器相比,其主要特点如下:(1)因芯子尺寸小于油管内径,施工时不会卡阻,投放打捞容易;(2)密封可靠性高;(3)完井作业影响芯子投放、坐封及密封。

三、井下节流器系列

根据气田不同生产管柱、不同井型的情况,进行了节流器系列化研究。截至2013年底长庆气田已研制了适合水平井、定向井、直井3种井型的卡瓦式和预置式两种系列的14种井下节流器产品,满足了各类气井生产需求(图4–12、表4–1)。

图4–12 系列化井下节流器

表4–1 井下节流器参数表

系列	型号	密封类型	支撑方式	承压(MPa)	耐温(℃)	最大外径(mm)	密封管径(mm)
卡瓦式	CQX–92	锲入式		35	120	92	单向卡瓦
	CQX–72			35	120	72	
	CQX–58			30	120	58	
	CQX–47			30	120	47	
	CQX–45			30	120	45	
预置式	CQZ–90	自封式		40	120	90	锚瓦
	CQZ–72			40	120	72	
	CQZ–58			35	120	58	
	CQZ–47			35	120	47	

第四节 井下节流器配套技术

一、打捞技术

在现场应用中,为满足生产需求,要调节气井产量,或为了充分发挥气井产能,在气井生产后期需从井筒中打捞节流器,因此,针对各种类型气井井下节流器打捞情况,形成了不同类型气井的打捞技术,并配套了相应的打捞工具。

1. 钢丝打捞

1) 筒式打捞工具

筒式打捞工具是专门针对卡瓦式井下节流器而设计的,根据其不同规格研制了相应的筒式打捞工具(图 4 – 13)。

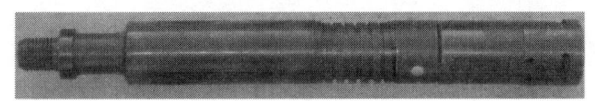

图 4 – 13 筒式打捞工具

(1) 抓取节流器。

在打捞作业时,通过作业钢丝将工具串(绳帽 + 震击器 + 加重杆 + 打捞工具)下入井筒,当钢丝张力突降,说明工具已接触到卡瓦式井下节流器,反复上提、下击,使打捞工具卡爪在弹簧的作用下抓取节流器打捞颈,上提钢丝力达到 500N 左右时说明打捞工具抓住节流器打捞颈,继续上击工具串使打捞颈带动卡瓦松弛,继续上提钢丝将节流器捞出井筒。

(2) 节流器脱手。

在打捞过程中当节流器遇卡时,向上震击打捞工具,直至打捞工具安全剪销剪断,在弹簧的作用下,心轴带动卡爪相对锁定外筒上移,使打捞颈从卡爪脱手。

2) 压缩中心杆打捞工具

压缩中心杆打捞工具是专门针对卡瓦式井下节流器密封胶筒未损坏、筒式打捞工具无法打捞而设计的(图 4 – 14)。

图 4 – 14 压缩中心杆打捞工具

(1) 抓取节流器。

作业时在位于卡瓦式井下节流器以上 2~3m 快速下放井下打捞工具串,当压缩中心杆打捞工具打捞爪接触到节流器打捞颈时,由于惯性力的作用,打捞爪向上压缩弹簧,打捞爪被撑开,使节流器打捞颈插入打捞爪内,当打捞爪伸入节流器打捞颈缩颈部位时,打捞爪在弹簧弹力作用下恢复到原来的入井状态,此时打捞爪成功抓住节流器打捞颈缩颈部位。

打捞工具串轻微向上震击，打捞筒主体安全销钉被剪断，打捞筒主体芯杆在压缩弹簧作用下向下运动压缩节流器中心杆，致使节流器胶筒收缩，从而将节流器取出井筒。

（2）节流器脱手。

该打捞筒脱手节流器与筒式打捞工具完全相同，在打捞过程中当节流器遇卡时，向上震击打捞筒，上提震击直至打捞工具安全剪销剪断，在弹簧的作用下，心轴带动卡爪相对锁定外筒上移，使打捞颈从卡爪脱手。

2. 连续油管打捞

常规钢丝打捞采用试井钢丝直径为 $\phi 2.8mm$，极限张力小，节流器打捞过程中一旦遇阻，就有拉断试井钢丝的危险，导致井下事故。

为克服常规试井钢丝打捞节流器时钢丝极限张力小的缺点，设计了一种能连接于连续油管的卡瓦式井下节流器打捞工具，如图4-15所示。

图4-15 连续油管打捞工具

施工作业过程中根据节流器上提时的遇阻情况，将此工具直接连接于连续油管底端专用扣上进行打捞，由于连续油管极限张力是试井钢丝极限张力的数十倍，可以大大提高遇阻节流器的打捞成功率，避免井下事故的发生。

3. 气举打捞工艺

借鉴排水采气柱塞在井筒内依靠气井自身能量上行的原理，设计了气举打捞工具及打捞工艺方法，充分利用气井自身能量辅助打捞，提高了施工可靠性，缩短了作业时间。

1）工具结构

气举打捞工具主要包括连接投放器、连接头和心轴的连接管、设在接头内的弹簧及接头外的扁簧和卡瓦等部分，如图4-16所示。

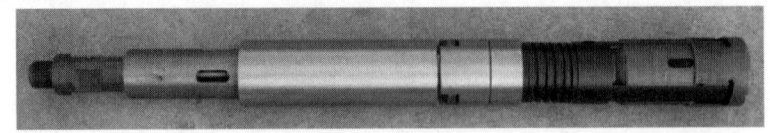

图4-16 气举打捞工具

2）工作原理

首先利用钢丝试井车将节流器解卡后，然后将气举打捞工具投放在节流器上方，此时气举打捞工具将节流器卡瓦拉起处于收缩状态，并且与节流器衔接成一体，然后将工具串起到防喷管，更换内部安装缓冲弹簧及下部连接捕捉器的防喷管。开井生产，气举打捞工具与节流器成一体，依靠气井自身能量上行至防喷管内。

由于气举打捞工具能使卡瓦收回，而节流器胶筒永久变形仍具有一定的密封作用，所以开井降压后，节流器承受的向上推力远大于钢丝作业的拉力，从而能大幅提高节流器打捞的成功率。以$2\frac{7}{8}$in油管为例，节流器前后承受1MPa的压差，相当于节流器受到300kg左右的上推力，作用效果明显大于一般钢丝作业 300kg 的拉力。而压差越大，节流器受到的上推力也越大，也就越有利于节流器的上行。而 $3\frac{1}{2}$in 油管采用传统钢丝作业难度大，采用该工具后，同样的压差节流器受到更大的上推力，更有利于打捞成功。

3）气举打捞工具操作方法

气举打捞工具打捞节流器的操作方法如下：

（1）节流器解卡。关井，通过钢丝作业使用盲锤下击节流器，使其下移解卡。

（2）投放气举打捞工具。将该工具投放至节流器上方。

（3）安装井口装置。工具投放后，起出工具串，在井口安装防喷管和捕捉器。

（4）开井生产。依靠气举打捞工具使节流器卡瓦一直处于收回状态，然后缓慢开启生产阀门。依靠气井自身能量使节流器和气举打捞工具上行至捕捉器和防喷管内。

（5）完成打捞。由于捕捉器可阻止工具下行，所以可关闭气井测试阀门，卸下防喷管和捕捉器，起出节流器，完成打捞工作。

4. 节流器上方积液气井打捞对策

通过气举打捞工具现场试验的认识，采用气举打捞工具与压缩机气举、连续油管打捞配合应用，形成了节流器上方积液气井打捞对策。

（1）节流器上方积液不大于 300m。

① 钢丝作业下击解卡节流器，利用常规打捞工具进行打捞。

② 对常规打捞困难井，投放气举打捞工具进行打捞。

（2）节流器上方积液不小于 300m，有一定产量气井。

① 解卡，利用气举打捞工具打捞。

② 连续油管打捞。

③ 液氮车或压缩机油套环空注气辅助打掉气嘴，使积液落入节流器下方，之后再进行常规钢丝打捞。

（3）节流器上方积液不小于 300m，无产量气井。

① 连续油管打捞。

② 液氮车或压缩机油套环空注气辅助打掉气嘴，使积液落入节流器下方，之后再进行常规钢丝打捞。

二、节流器投捞车

井下节流器若采用现有的测试车辆进行投捞作业，需另配吊车，操作费用高。因此，需要配备专门的井下节流器投捞作业车。根据井下节流器投捞作业特点及国内外钢丝作业设备技术状况，确定了井下节流器投捞作业车采用"随车起重运输车"与"橇装式钢丝绞车"组配的施工设备集成方案，再配以井口防喷系统、井下工具串、常用工具以及其他简易工具等就可以方便快捷地进行投捞施工（图 4-17）。

图 4-17 随车起重运输车配橇装式绞车现场作业

第五节　井下节流技术在长庆苏里格气田的应用

井下节流技术，是用于防止天然气井井筒水合物形成的一项技术。但在长庆苏里格气田的应用，拓展了井下节流技术的应用范围，不仅防止井筒水合物的形成，还用于降低井口、地面集输系统的压力，简化、优化地面流程。

一、大幅度降低地面管线运行压力，为简化优化地面流程提供了技术保障

苏里格气田节流后平均油压约3.26MPa，为节流前平均油压20.16MPa的16.17%（图4-18）。利用井下节流降压，使地面管线运行压力大幅度降低，可实现中低压集气。

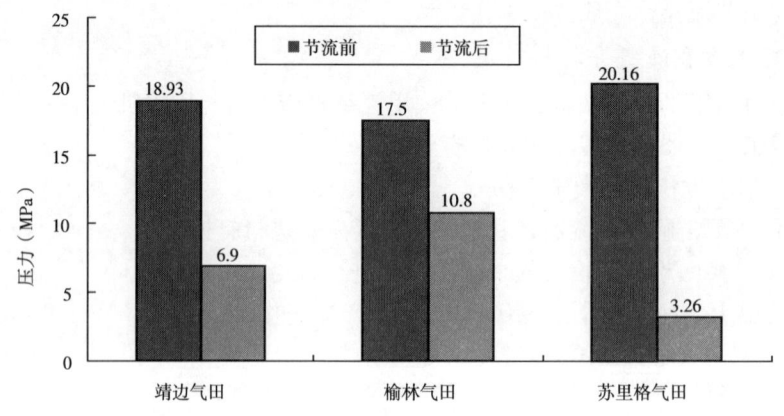

图4-18　长庆气区节流前后压力变化图

二、有效地防止了水合物形成，提高了开井时率

从气流压力与水合物形成初始温度曲线（图4-19）可以看出，随着压力的下降，水合物形成温度大大下降。如果上压缩机生产，井口油压节流在1.3MPa以下时，此时水合物形成温度为1.5℃，而冻土层下的地温为2~3℃，可基本消除水合物的形成。

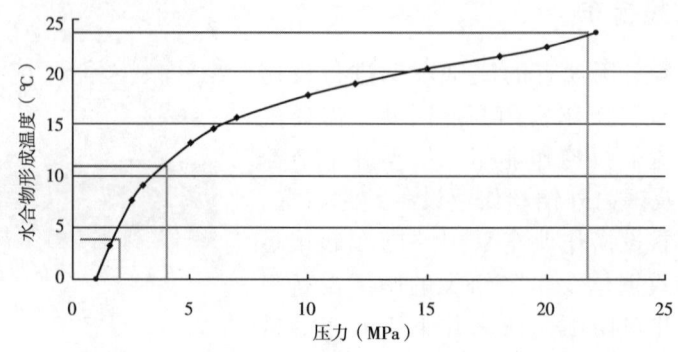

图4-19　气流压力与水合物形成初始温度关系曲线

2003年开始对苏里格气田各井区井下节流试验前后水合物形成温度进行统计,见表4-2。

表4-2 苏里格气田各井区井下节流试验前后情况表

井区	试验前				试验后				冬季实测管线埋深1.6m地温(℃)
	最大		平均		最大		平均		
	油压(MPa)	水合物形成温度(℃)	油压(MPa)	水合物形成温度(℃)	油压(MPa)	水合物形成温度(℃)	油压(MPa)	水合物形成温度(℃)	
苏f及cf-aa	24.0	24.34	19.79	23.10	5.4	13.74	3.82	10.96	3~4
苏be	23.0	24.07	20.94	23.47	4.1	11.54	3.29	9.74	
苏a0	22.0	23.78	19.83	23.11	4.5	12.29	3.57	10.41	
苏ad	23.0	24.07	21.69	23.69	2.0	4.23	1.32	2.11	
苏b0	22.0	23.78	21.49	23.63	3.0	6.96	2.13	6.12	
平均	22.8	24.01	20.16	23.40	3.8	9.75	2.83	8.50	

井下节流前井口油压平均为20.16MPa,此时水合物形成温度大于23℃。苏里格气田气井井口气流温度为0~18℃,井筒及地面管线易生成水合物堵塞而造成关井,影响气井开井时率。

井下节流后井口油压最大为5.4MPa,对应的水合物形成温度为13.74℃,大大降低了水合物形成条件,有效地防止了水合物的形成。如苏ad井区上压缩机生产,节流后井口油压最大2.0MPa、平均1.32MPa,此时水合物形成温度分别为4.23℃和2.11℃,而冬季实测管线埋深1.6m地温为3~4℃,因而可基本消除水合物的形成。该井区实际生产表明,采用井下节流技术有效地防止了水合物的形成,提高了气井开井时率,平均采气时率由67%提高到99.99%。

同时,对苏里格气田其他各井区有对比资料的16口井的生产情况进行统计,平均开井时率由85.4%上升到99.6%。

三、气井开井和生产无需井口加热炉

由于气井开井初期,井筒及地面管线易形成水合物而造成堵塞,前期采用井口加热节流的方式防止地面管线堵塞。采用井下节流技术后,为保证进入地面管线的气体为中低压状态,启动节流器需用井口针阀控制到节流器正常工作,初步方案是采用井口加热炉加热、井口针阀节流降压开井,生产正常后移走加热炉。通过进一步试验,投放节流器后启动开井,由于启动时间短,温度上升快,不使用井口加热炉也能正常开井。

如苏 f-i-c 井投放节流器后未使用加热炉而顺利开井（图 4-20）。开井前油压为 21.5MPa、套压为 22.3MPa。采用井口针阀节流，启动开井瞬时气量为 $5 \times 10^4 \mathrm{m}^3/\mathrm{d}$ 左右，40min 后油压降到系统压力，针阀节流后气流温度在 40min 内恢复到节流前井口气流温度，投放节流器生产平稳后油压 5.1MPa，套压 22.1MPa，产气量 $1.5 \times 10^4 \mathrm{m}^3/\mathrm{d}$。

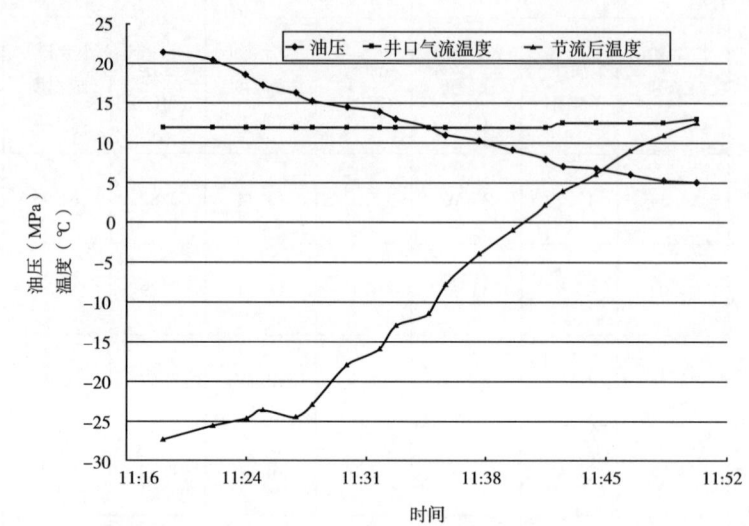

图 4-20 苏 f-i-c 井投放节流器开井情况

四、有利于防止地层激动和井间干扰

根据气嘴流动理论，当上游、下游压力之比达到某值时，穿越气嘴的流速等于音速，在这种状态下无论怎样降低下游压力，介质流速仍保持当地音速。下游压力的波动不会影响到地层本身压力，从而有效防止了地层压力激动。同时采用井下节流后，气井稳定生产，开关井次数减少也降低了对地层压力的影响。

采用井下节流技术后，由于气嘴工作在临界流状态，单井压力的变化不会影响其他井的正常生产。所以苏里格气田采用井间串接的集气方式（图 4-21）。

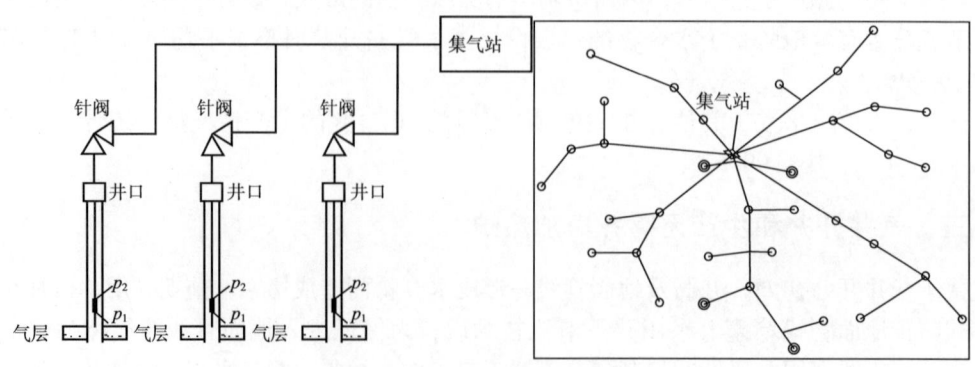

图 4-21 苏里格气田气井串接集气方式

应用井下节流技术后，在处于临界流动状态下，可在较大压力范围内实现地面压力系统自动调配而不影响气井产量。在冬季采用压缩机生产，尽量降低地面集输管线压力，从而防止水合物形成；在夏季停用压缩机生产，节约生产成本（图4－22）。

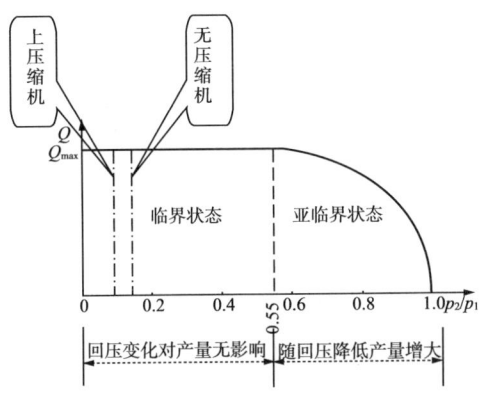

图4－22 实现地面压力自动调配原理示意图

五、简化了地面流程，降低了成本

井下节流技术已在苏里格气田全面推广应用，截至2012年12月底，累计应用5200多口井。井下节流技术为苏里格致密气藏简化优化地面流程提供了强有力的技术支撑，是苏里格致密气藏得以实现经济有效开发的关键技术之一，其成功应用对其他同类气藏开发具有很强的借鉴作用。

采用井下节流技术，气井生产无需注醇，节省了注醇系统，取消了井口加热炉；降低了地面集输管线的压力等级，节约管材投资50%；实现了井间串接，节省单井管线长度36%。

参 考 文 献

[1] 杨继盛. 采气工艺基础 [M]. 北京：石油工业出版社，1992.
[2] 杨继盛，刘建仪. 采气实用计算 [M]. 北京：石油工业出版社，1994.
[3] 杨川东. 采气工程 [M]. 北京：石油工业出版社，2001.
[4] 李安琪. 苏里格气田开发论 [M]. 2版. 北京：石油工业出版社，2013.
[5] 刘鸿文. 井下油嘴节流机理研究及应用 [J]. 天然气工艺，1990，10（5）：57－62.
[6] 吴革生，王效明，韩东，等. 井下节流技术在长庆气田试验研究及应用 [J]. 天然气工业，2005，25（4）：65－67.
[7] 肖述琴，于志刚，商永滨，等. 新型卡瓦式井下节流器打捞工具研制及应用 [J]. 石油矿场机械，2010，39（12）：81－83.

第五章 喷射增压开采技术

鄂尔多斯古生界气藏具有低压、低孔、低渗、储层非均质等特性，经过多年的开发，地层压力逐渐降低，低压低产气井逐年增多。由于储层非均质性强，导致同一集气站或丛式井组气井产能差异大和压力下降不平衡，高压与低压气井并存现象在气田普遍存在。低压气井需要间歇生产、产能得不到发挥，高压井需要节流降压生产，给气田的生产和管理带来了一定的困难。2007年以来，针对集气站和丛式井组低压气井增压生产难题，开展了喷射增压开采技术研究与应用，效果显著。

第一节 喷射增压技术原理

一、发展历程及现状

喷射增压技术的起源可以追溯到19世纪末期，最早的喷射装置就是到目前还在普遍采用的喷射泵或射流泵，它所获得的混合后压力是介于两种流体压力之间的中间压力，其升压能力受到极大的限制。20世纪40年代以后，超音速气—液两相流升压技术获得了重大突破，可以将气—液两相流混合后液体压力提升至超过一次流体的压力。由于西方发达国家一直将该技术用于高度机密的核潜艇、军舰等军事工业，故在一定程度上限制了对该技术的研究和认知。

到20世纪80年代该技术才在供热、发电、石油天然气、冶金、食品等民用行业逐渐应用。苏联克拉斯诺波尔斯克油田推广使用了一种喷射泵装置，用于回收末级油气分离器中排除的低能天然气，取得了明显的经济效益；2002年美国得克萨斯州 El Ebanito 油气开采区采用文丘里管射流装置（与喷射器相似）收集储罐中的天然气，用6MPa的高压天然气射流将0.0021MPa左右的罐内低压天然气增压至0.28MPa并网供气；2001年大连舰艇学院、大连理工大学联合设计了一套由三级喷射器串联组成的匹配式多级喷射器系统，用于回收原油储存过程的原油挥发气，成功利用压力较高（0.6MPa）的天然气对原油挥发气进行回收，并且出口压力可达到入口压力的80%左右（0.469MPa）。

随着天然气工业不断发展，喷射技术在天然气开发领域的应用正在逐步成为研究热点，国内外已经有一些关于天然气喷射增压的应用报道和实例，2007年以来，长庆气田开始在靖边、榆林等气田规模应用喷射增压技术，累计应用17套装置，实现44口低压气井的增压生产。

二、喷射增压理论

喷射引流增压开采技术是利用高压气井能量实现低压气井增压开采的一种技术。天然气喷射增压开采技术的核心是喷射增压装置（图5-1）。

1. 工作原理

喷射增压装置是提供高压气体和低压气体进行能量和热量交换传递的机构，其工作原理是高速气流在混合腔进行能量和动量交换，利用高压气体的势能来提高低压气体压力。

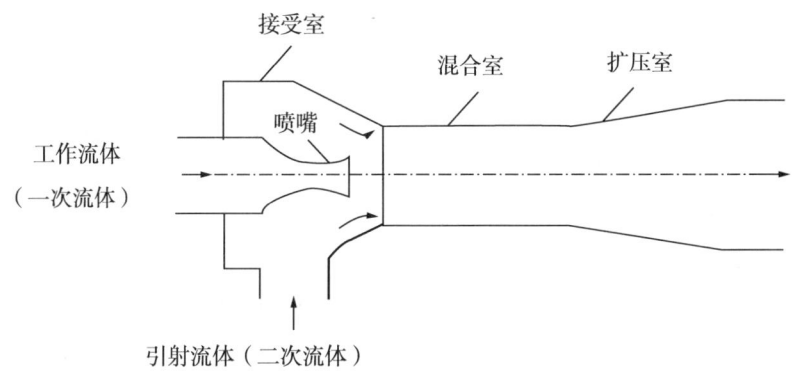

图 5-1 天然气喷射增压装置结构原理示意图

高压流体通过喷嘴时，一部分势能（压能）转化为动能（高速流体），在喷嘴出口区域形成低压区，将低压流体吸入低压区。高压流体携带着低压流体进入混合腔室，在混合腔室里实现高压与低压气体的动量和能量交换。充分交换能量的混合气体通过扩压腔室，流速逐级降低，混合压力回升。混合流体能量在扩压段实现由动能向势能的转化。混合气的压力高于低压天然气的压力，但低于高压天然气的压力。

2. 控制方程

喷射装置的原理可以用数学方法推导和表述。为便于分析和数值处理，做如下假设：

（1）由于装置内部通道截面为圆形，假设其内部流动为二维、轴对称流动；

（2）天然气在喷射装置内的流速较大，而喷射装置轴向尺寸又较小，使得天然气在喷射装置内的运动时间较短，忽略天然气与固体壁面间的传热；

（3）天然气喷射装置内的流动为稳态过程。

根据上述假设建立引射装置内部的流动过程的数学模型如下：

连续性方程
$$\frac{\partial}{\partial x}(\bar{\rho} \cdot \bar{v}_x) + \frac{\partial}{\partial x}(\bar{\rho} \cdot \bar{v}_y) = 0 \tag{5-1}$$

动量方程
$$\frac{\partial}{\partial x}(\overline{\rho v_x^2} + \overline{\rho v_x' v_x'}) + \frac{\partial}{\partial y}(\overline{\rho v_x v_y} + \overline{\rho v_x' v_y'})$$
$$= -\frac{\partial \bar{p}}{\partial x} + \mu\left(2\frac{\partial^2 \bar{v}_x}{\partial x^2} + \frac{\partial^2 \bar{v}_x}{\partial y^2} + \frac{\partial^2 \bar{v}_y}{\partial x \partial y}\right) + \bar{\lambda}\left(\frac{\partial^2 \bar{v}_x}{\partial x^2} + \frac{\partial^2 \bar{v}_y}{\partial x \partial y}\right) + \overline{\rho F_x} \tag{5-2}$$

$$\frac{\partial}{\partial x}(\overline{\rho v_y v_x} + \overline{\rho v_y' v_x'}) + \frac{\partial}{\partial y}(\overline{\rho v_y^2} + \overline{\rho v_y' v_y'})$$
$$= -\frac{\partial \bar{p}}{\partial y} + \mu\left(2\frac{\partial^2 \bar{v}_y}{\partial x^2} + \frac{\partial^2 \bar{v}_y}{\partial y^2} + \frac{\partial^2 \bar{v}_x}{\partial x \partial y}\right) + \bar{\lambda}\left(\frac{\partial^2 \bar{v}_x}{\partial x \partial y} + \frac{\partial^2 \bar{v}_y}{\partial y^2}\right) + \overline{\rho F_y} \tag{5-3}$$

能量方程

$$\frac{\partial}{\partial x}(\overline{\rho v_x}\overline{h} + \overline{\rho v_x' h'}) + \frac{\partial}{\partial y}(\overline{\rho v_y}\overline{h} + \overline{\rho v_y' h'}) = -\overline{p}\left(\frac{\partial \overline{v_x}}{\partial x} + \frac{\partial \overline{v_y}}{\partial y}\right) + \lambda\left(\frac{\partial^2 \overline{T}}{\partial x^2} + \frac{\partial^2 \overline{T}}{\partial y^2}\right)$$

$$+ \mu\left\{2\left[\left(\frac{\partial \overline{v_x}}{\partial x}\right)^2 + \left(\frac{\partial \overline{v_y}}{\partial y}\right)^2\right] + \left[\left(\frac{\partial \overline{v_x}}{\partial y}\right)^2 + \left(\frac{\partial \overline{v_x}}{\partial y}\frac{\partial \overline{v_y}}{\partial x}\right) + \left(\frac{\partial \overline{v_y}}{\partial x}\right)^2\right]\right\} + \lambda\left(\frac{\partial \overline{v_x}}{\partial x} + \frac{\partial \overline{v_y}}{\partial y}\right) + \overline{S}_h$$

(5-4)

在上述紊流的时均方程中带入了未知的湍流相关项，它代表了动量、热量和质量的湍流输运——Reynolds 应力和流通量，包括4个雷诺应力张量——$\overline{v_i' v_j'}$ 以及两个焓通量张量：$-\overline{v_i' h'}$。采用有效黏度概念的湍流模型时，Reynolds 应力表示如下：

$$-\rho \overline{v_i' v_j'} = \mu_T\left(\frac{\partial \overline{v_i}}{\partial x_j} + \frac{\partial \overline{v_j}}{\partial x_i}\right) - \rho k \times \frac{2\delta_{i,j}}{3} \quad (5-5)$$

式中　μ_T——涡黏度，它不是流体属性，取决于湍流状态，必须由湍流模型来确定；

k——湍流动能；

$\delta_{i,j}$——Kroneker 算符，当 $i = j$ 时为1，$i \neq j$ 时为0。

对于焓，Reynolds 流由下式确定：

$$-\rho \overline{v_i' h'} = \frac{\mu_T}{Pr_T(\overline{h})}\frac{\partial \overline{h}}{\partial x_i} \quad (5-6)$$

式中　$Pr_T(\overline{h})$——湍流普朗特数（Prandtl），近似为整数1。

从单位一致出发，动力黏度 μ_T 表示为下面的形式：

$$\mu_T = c\rho v_s l_s \quad (5-7)$$

式中　c——经验常数，取为0.01；

v_s, l_s——湍流速度和特征长度，它们表示的是大尺度湍流运动。不同的涡黏度概念的湍流模型，v_s 和 l_s 给出方式是不同的。

k—ε 湍流模型是目前应用最为广泛的涡黏度模型。但标准的 k—ε 湍流模型只存在一个时间步长 k/ε，它不能反映湍流中一系列涡的耗散频率的特点。为弥补这个缺陷，Chen 和 Kim 于 1987 年对标准 k—ε 模型进行修改，在 ε 方程中引入附加源项，修改的 k—ε 模型增强了 ε 方程的动力效应，引入另一时间步长 k/P_k，由 k/ε 和 k/P_k 两个时间步长来控制从大尺度涡动到小尺度涡动的能量的转换率。

$$\frac{\partial (\rho k)}{\partial t} + \frac{\partial}{\partial x_i}\left(\rho v_i k - \frac{\rho \nu_T}{Pr(k)}\frac{\partial k}{\partial x_i}\right) = \rho(P_k + G_b - \varepsilon) \quad (5-8)$$

$$\frac{\partial (\rho \varepsilon)}{\partial t} + \frac{\partial}{\partial x_i}\left[\rho v_i \varepsilon - \frac{\rho \nu_T}{Pr(\varepsilon)}\frac{\partial \varepsilon}{\partial x_i}\right] = \rho \frac{\varepsilon}{k}(C_1 P_k + C_3 G_b - C_2 \varepsilon) + S_\varepsilon \quad (5-9)$$

式中　k——湍流动能，$k = v_t^2/(C_\mu C_d)^{0.5}$；

ε——湍流动能耗散率，$\varepsilon = (C_\mu C_d)^{0.75} k^{1.5}/(\kappa y)$；

ν_T——湍流运动黏度，$\nu_T = C_\mu C_d k^2/\varepsilon$；源项中，$P_k$ 是由剪切力产生的湍流动能的容积生长率，$P_k = \nu_T\left(\frac{\partial v_i}{\partial x_j} + \frac{\partial v_j}{\partial x_i}\right)\frac{\partial v_i}{\partial x_j}$；$G_b$ 是于密度梯度相关的中立产生的湍流动能的容积生成

率，$G_b = -\nu_T g \dfrac{\partial \rho / \partial x_i}{\rho Pr_T(h)}$；$S_\varepsilon$ 是 ε 方程中引入的附加源项，$S_\varepsilon = -\rho C_4 P_k^2 / k$。$k$ 和 ε 的普朗特数分别为 $Pr(k) = 0.75$，$Pr(\varepsilon) = 1.15$；其他各系数分别为：$C_\mu = 0.5478$，$C_d = 0.1643$，$C_1 = 1.15$，$C_2 = 1.9$，$C_3 = 1.0$，$C_4 = 0.25$。

上述方程并不封闭，为进行求解，还需要补充气体的状态方程：
$$\rho = \rho(p, T) \qquad (5-10)$$
$$h = h(p, T) \qquad (5-11)$$

式中：ρ 为气流密度，kg/m^3；v 为气流速度，m/s；F 为流体作用力，N；p 为压强，Pa；μ 为动力黏度，cP；λ 为速度系数，无量纲；T 为绝对温度，K；S 为 ε 方程中引入的附加源。

式（5-1）~式（5-11）即构成了喷射装置内部流动的数学模型。

第二节 喷射器的结构及参数设计

一、设计方法

研究流体运动规律的方法有实验、理论分析和数值（计算流体力学）方法等3种。20世纪70年代以前，研究流体运动规律的主要为理论分析和实验研究两种方法。理论分析的一般过程是建立力学模型，用物理学基本定律推导流体力学数学方程，用数学方法求解方程，检验和解释求解结果。实验研究的一般过程是在相似理论的指导下建立模拟实验系统，用流体测量技术测量流动参数，处理和分析实验数据。70年代以来，随着计算机技术的进步，计算流体力学（CFD）得到了快速发展，并成为研究工程流动问题的有力武器。

考虑到喷射装置内部流动规律的复杂性，其内部流动规律的控制方程复杂，采用理论分析方法，利用数学方法推导方程很难获得解析解，由于设备运行的压力较高，采用实验方法很难反映实际工况，而且变工况条件喷射器内部流体变化规律很难获得。所以喷射装置设计采用数值方法，利用大型流体模拟软件仿真实际工况下的流体运动规律，该方法大大节约了设计时间和经费。本章实例采用FLUENT软件计算。

二、结构参数初步设计

天然气喷射装置的结构示意图如图5-2所示，其主要结构包括一次气喷嘴（高压气）、二次气喷嘴（低压气）、混合段及扩压段。需要确定的主要参数包括一次流体喷嘴出口面积 A_1、二次流体喷嘴出口面积 A_2、混合段内壁面斜度 d_1、混合段入口至平直段长度 L_1、平直段长度 L_2、扩压段斜度 d_2 及扩压段长度 L_3。

1. 一次气喷嘴的设计

一次气喷嘴的设计需要一次气流量 G、一次气进口设计压力 p_1、设计温度 T_1 以及一次气喷嘴出口压力 p_{1e}。前3个参数为给定参数，而 p_{1e} 则取略低于二次气的进口压力以确保二次气能顺利进入。设二次气压力为 p_2，则有：
$$p_{1e} = \beta \cdot p_2 \qquad (5-12)$$

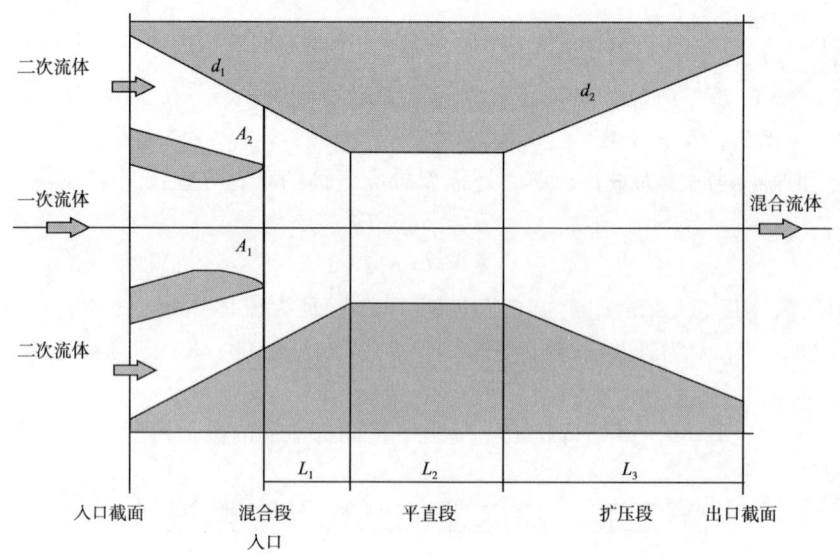

图 5-2 天然气喷射装置的结构原理图

系数 β 的取值越小,进入混合段的一次气和二次气的流速也越大,但其压力也相应减小;系数 β 的取值越大,进入混合段的一次气和二次气的流速也越小,但其压力也相应增大。考虑到一次气和二次气的混合过程的需要及扩压段的效率,该系数存在一个最佳值,通过参数优化进行确定。

确定了一次气喷嘴的进出口压力后,即可确定其出口速度为:

$$u_{1e} = \sqrt{2 \cdot \phi \cdot (h_1 - h_{1et})} \qquad (5-13)$$

其中 h_1 及 h_{1et} 分别为一次气进口的焓值及一次气喷嘴出口的等熵焓,可通过查取天然气的物性来获得,而 ϕ 为喷嘴系数,取为 0.95。由此可确定一次气喷嘴的出口截面积为:

$$A_1 = \frac{G}{\phi_G \rho_{1e} u_{1e}} \qquad (5-14)$$

一次气喷嘴的喉部面积为:

$$A_{1c} = \frac{G}{\phi_G \rho_{1c} u_{1c}} \qquad (5-15)$$

其中 ϕ_G 为一次气喷嘴的流量系数,与喷嘴内气流的参数及喷嘴的几何尺寸有关,其具体数值通过工业试验确定,在设计中暂时取为 1。

一次气喷嘴喉部的状态通过数值逼近的方法确定,可先根据其临界压比确定一个初始的临界压力,通过计算其速度,并与当地音速进行比较,如速度高于当地音速,则降低临界压力,如低于当地音速,则升高临界压力,如此反复直至最终获得其临界状态。

2. 二次气进气通道的设计

二次气在进入混合区之前的通道内为亚音速流动状态,其关键参数为二次气通道出口面积。设二次气通道出口流速为 u_2,则有:

$$A_2 = \frac{G_2}{\rho_{2e} u_2} \qquad (5-16)$$

而
$$u_2 = \sqrt{2 \cdot \phi \cdot (h_2 - h_{2et})} \quad (5-17)$$

此处 h_2 和 h_{2et} 是按照二次气进口压力及二次气通道出口压力根据天然气物性获得的定熵膨胀焓值。二次气通道出口压力按照式（5-12）选取。上式中 ϕ 为二次喷嘴的效率，由于二次喷嘴形状为环形，其喷嘴效率不易确定，因此可按照下列方法确定二次喷嘴的出口面积：

$$A_2 = \xi \cdot A_1 \quad (5-18)$$

其中 ξ 为系数，通过优化进行选取。

3. 混合段及扩压段的设计

按照图 5-2，混合段进口处的截面积为：

$$A_3 = A_1 + A_2 + A_{1w} \quad (5-19)$$

其中 A_{1w} 为一次气喷嘴的出口边缘厚度所对应的面积，考虑到加工的因素，一次气喷嘴出口边缘厚度取为 0.2mm。

由此可确定其直径为：

$$D_3 = \sqrt{\frac{4A_3}{\pi}} \quad (5-20)$$

而混合段喉部直径为：

$$D_{3c} = D_3 - 2L_1 \cdot d_1 \quad (5-21)$$

为分析其特性，定义二次气的进气间隙为：

$$\delta = \frac{D_3 - D_1}{2} - \delta_w \quad (5-22)$$

其中 δ_w 为一次喷嘴出口边缘厚度。二次气进气间隙是影响装置喷射性能的重要参数。

其中 L_1 以 d_1 分别为混合段入口至喉部的距离及混合段入口倾斜度，其数值通过优化确定。

混合区喉部的长度为：

$$L_2 = \chi D_{3c} \quad (5-23)$$

其中系数 x 的最佳值要通过数值模拟来最终确定。

扩压段为一渐扩通道，其扩散段倾斜度的数值通过数值模拟优化确定，其长度确定方法为：

$$L_3 = \frac{D_4 - D_3}{2d_2} \quad (5-24)$$

其中 D_4 为扩压段的出口直径，设扩压段出口的速度为 u_4，其密度为 ρ_4，则其计算公式为：

$$D_4 = \sqrt{\frac{G_1 + G_2}{\pi \rho_4 u_4}} \quad (5-25)$$

为尽量利用流体的动能提高其速度并考虑到加工要求，一般 u_4 取为 60m/s。

三、装置流动仿真模拟

1. 模型建立

仿真模拟采用图 5-3 所示的天然气引射装置物理模型，一次流体（工作流体）从中心经缩放喷嘴充分膨胀后以高速进入混合腔，而二次流体（被引射流体）沿喷嘴外壁面与混合腔入口内壁面所形成的进汽通道进入混合腔，两者在混合腔喉部充分混合，其压力升高后流出。

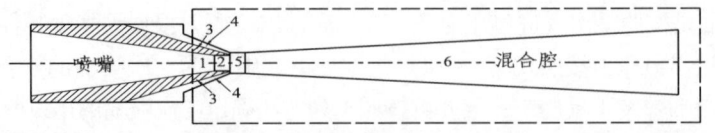

图5-3　引射装置结构示意图

2. 网格划分及计算方法

由于喷射装置内部结构不规则，在实际计算中根据其几何结构特点采用了二维柱坐标下的适体坐标网格系统，计算区域及网格划分如图5-4所示。整个计算区域分为3个子区域，分别为一次气喷嘴区域（左下部，以下简称一区）、二次气通道区域（上部，以下简称二区）以及混合腔区域（右部，以下简称混合区）。其中一区和二区的出口与混合区入口相连。

图5-4　计算区域及网格划分

考虑到物理问题的特点，其边界条件为：一区及二区进口和混合区出口均设为定压边界条件，一区及混合区下部边界为对称边界条件，其他边界均为固体边界条件。由于流体在装置内部的流速很高，与固体边界的换热对整个流动的影响很小，因此在计算中设定固体边界均绝热。

在给定一区及二区入口压力（相当于给定一次气进气压力及二次气进气压力）后，改变不同的混合区出口压力，可获得不同的二次区进口流量。计算表明，对给定的一区和二区入口压力，当混合区出口压力高于某一数值后，二区内将出现回流，此时二区进口流量将变为零，该混合区出口压力即为装置能正常工作的最高出口压力。改变一区和二区进口压力的数值，分别计算不同的混合区出口压力下的一区和二区进口流量值，即可获得装置的引射特性。

3. 参数优化方法

影响天然气喷射装置性能的参数大体可分为如下两类：第一类为装置的结构参数；第二类为装置的运行参数；主要包括一次气进口压力及二次气进口压力。第二类参数对装置性能的影响，将在下文的变工况部分进行分析；此处将对第一类参数的影响进行系统研究，从而对天然气喷射装置进行优化。装置结构参数优化的重要衡量参数是二次气临界压力，当二次气压力小于该压力时，二次气流量则随着二次气压力的降低而迅速下降。

1）扩压段倾斜度优化

扩压段的倾斜度对喷射装置的性能有较大影响。扩压段倾斜度是指扩压段出口夹角的余切值。若倾斜度太小，则扩压段会出现二次流，压力损失很大；若倾斜度太大，虽然可抑制二次流，但摩擦损失加大，且扩压段长度过长，给设备的加工和布置带来困难。因此，存在一个最佳的扩压段倾斜度。

分别取扩压段倾斜度为15，20，25，30，35，40以及50六个不同值，计算获得的装置性能如图5-5所示。可以看出，随着倾斜度的增大，二次气临界压力逐渐减小，但压力随倾斜度变化的斜率逐渐减小。考虑到加工工艺，这里选择倾斜度为40，其临界压力约为2.15MPa。并在此基础上优化喉部直径。

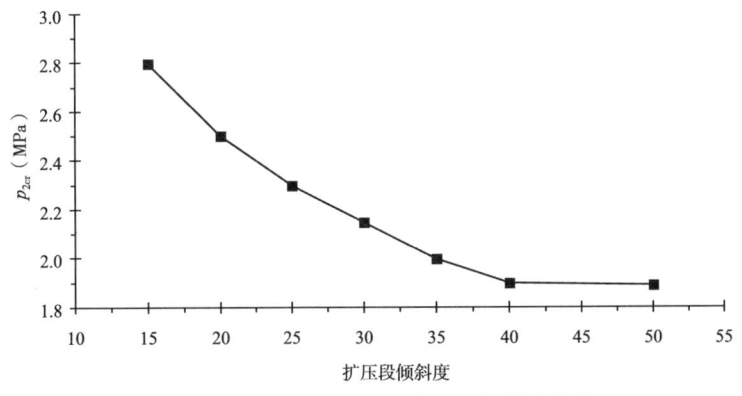

图5-5 临界二次气压力与扩压段倾斜度的关系

2）一次气喷嘴出口距喉部距离的优化

前面分析表明，一次气喷嘴出口与混合段入口的相对位置对一次气和二次气的混合过程有很大的影响，此处以一次喷嘴出口距喉部距离 L_1 与混合段喉部直径 D 之比为优化参数，进行工况模拟优化设计，如图5-6所示。从图中可以看出，随着 L_1/D 数值的增大，二次气临界压力先减小后增大。当 L_1/D 数值为0.259时二次气临界压力最小，约为1.6MPa。

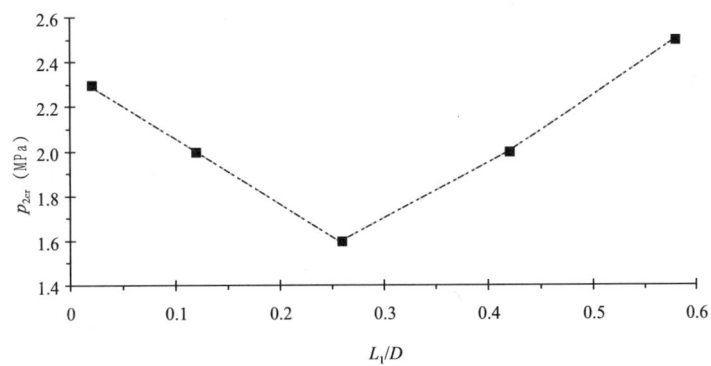

图5-6 临界二次气压力与 L_1/D 的关系

3）混合段喉部长度的优化

混合段喉部长度对一次气及二次气的混合过程有很大影响。该值过小，则混合不均匀，影响装置性能；该值过大，则混合气在混合段内的阻力增大。此处以混合段长度 L_2 与混合段喉部直径 D 之比为优化参数，分别取该值为1.3、2.0、3.0、3.75、4.5、5.0、7.0以及10.0进行计算，从而对该参数进行优化。根据上述6个算例，可以得到二次气临界压力与喉部长度直径比的关系，如图5-7所示。从图中可以看出，随着该距离的增大，二次气临界压力逐渐减小，但压力随倾喉部长度直径比变化的斜率逐渐减小。从图中可以看出，当 $L_2/D \geq 5$ 时，临界压力变化很小。

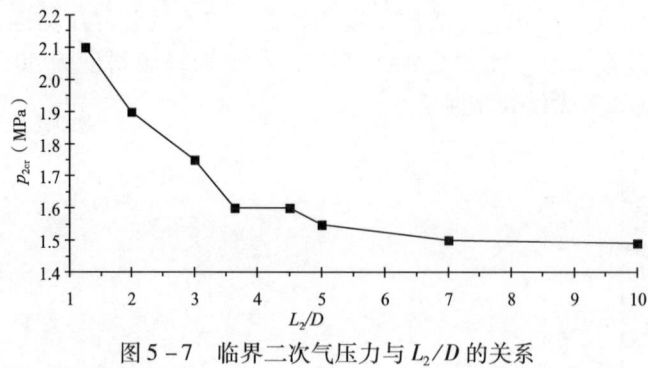

图 5-7 临界二次气压力与 L_2/D 的关系

4）混合段入口倾斜度的优化

混合段入口倾斜度对装置的性能有一定的影响。混合段倾斜度是指混合段入口夹角的余切值。该值过小，二次气阻力大，且装置不容易加工；该值过大，则二次气与一次气发生对冲，影响其性能。此处取混合段入口倾斜度分别为 3.0、3.5、4.0、4.5 以及 5.0 进行计算，得到二次气临界压力与混合段入口倾斜度的关系，如图 5-8 所示。从图中可以看出，随着该值的增大，二次气临界压力逐渐增大，但当该倾斜度小于 4.0 后，对其性能的影响很小。因此可以选取该值为 4.0。

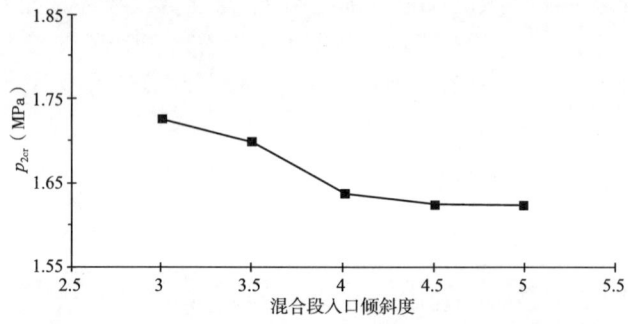

图 5-8 临界二次气压力与混合段入口倾斜度的关系

5）二次气出口面积的优化

二次气出口面积对装置的性能有很大的影响。此处取二次气进气面积与一次气进口面积比作为优化参数，分别取该值为 0.85、0.9、0.95、1.0、1.05、1.1 以及 1.15 进行计算，得到二次气临界压力与该值得的关系，如图 5-9 所示。从图中可以看出该值存在最佳值为 1.05。

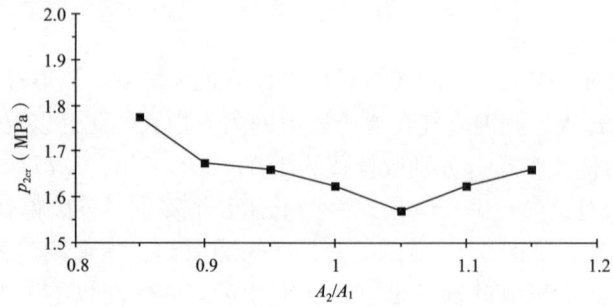

图 5-9 临界二次气压力与二次气进口面积的关系

6）混合点压力选取的优化

混合点压力即设计中所取的一次气与二次气进入混合点的压力，其值为二次气进口压力再乘小于 1 的系数。以该系数为优化参数，分别取该值为 0.65，0.75，0.85，0.9 以及 0.95 进行计算，得到二次气临界压力与该值的关系，如图 5-10 所示。从图中可以看出该值的最佳值在 0.75 至 0.85 之间，设计中可取该值为 0.85。

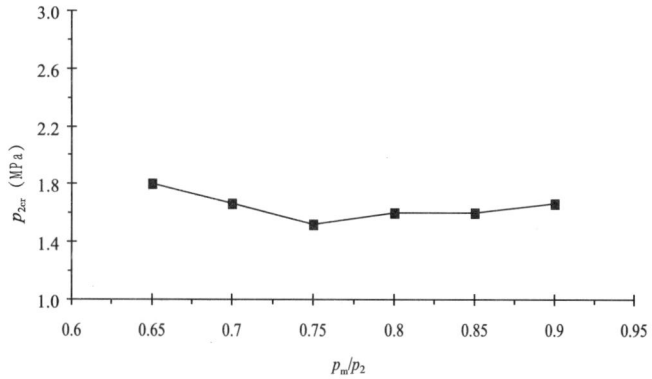

图 5-10　临界二次气压力与混合点压力的关系

4. 特性曲线

第一类参数对装置性能的影响已经在前面进行了详细的研究及分析，此处将对第二类参数的影响进行系统研究，从而确定天然气喷射装置的运行参数。

1）高压气流量变化

图 5-11 和图 5-12 分别给出了数值模拟得到的不同高压气压力和低压气压力下装置高压气流量的变化曲线。从图中可以看出，随着高压气压力的增大，高压气流量逐渐增大，二者近似为线性关系；随着低压气压力的增加，高压气流量保持不变。即高压气流量随高压气压力的增大而近似保持线性增大，与低压气压力无关。

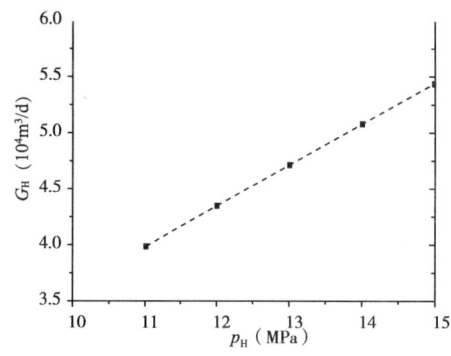
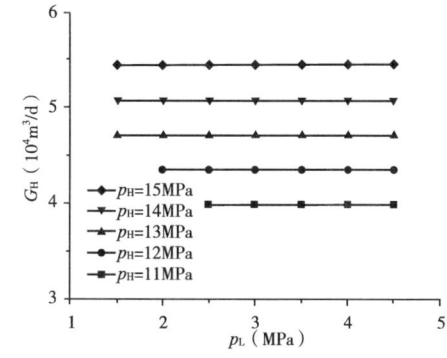

图 5-11　高压气流量 G_H 随高压气压力 p_H 的变化　　图 5-12　高压气流量 G_H 随低压气压力 p_L 的变化

2）低压气流量变化

图 5-13 和图 5-14 分别给出了装置低压气流量随高压气压力和低压气压力的变化曲线。从图中可以看出，相同低压气压力下，随着高压气压力的增大，低压气流量先增大后减小，流量最大值出现在高压压力设计值附近（12~13MPa）。相同高压气压力下，低压气流

量随低压气压力的增大而增大,二者近似为线性关系。

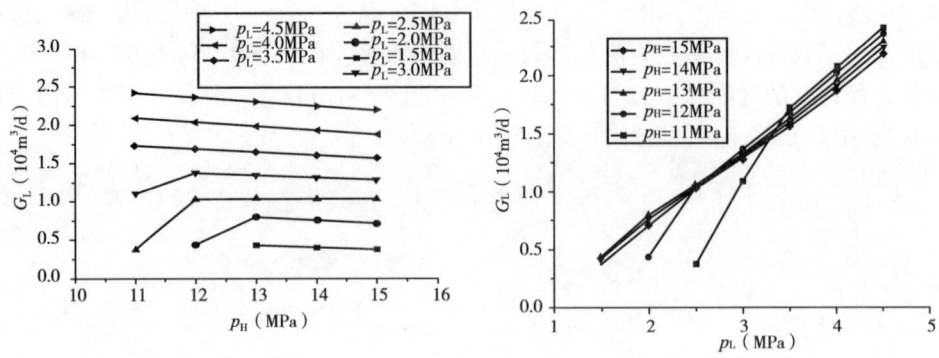

图5-13 低压气流量 G_L 随高压气压力 p_H 的变化　　图5-14 低压气流量 G_L 随低压气压力 p_L 的变化

3) 引射比变化

装置的引射比是低压质量流量与高压质量流量之比,根据上面得到的高压气流量和低压气流量,可以得到相应的引射比,如图5-15和图5-16所示。从图中可以看出,随着高压气流量的增大,装置引射比会出现先增大后减小的趋势,引射比最大时高压气压力为12~13MPa;但当低压气压力较高时(3.5MPa),引射比随高压气压力的增大只出现减小的趋势。同时,随着低压气压力的增加,引射比逐渐增大,且二者近似为线性关系。

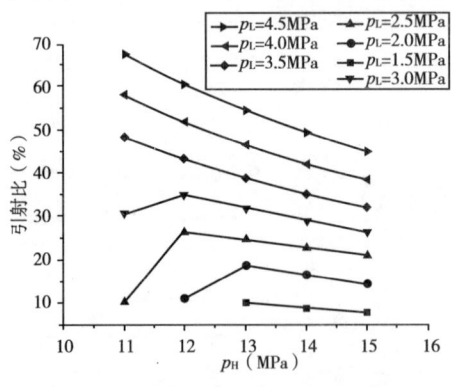
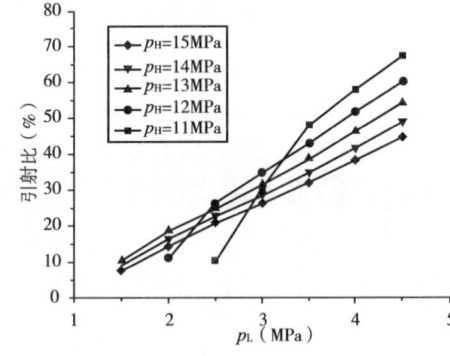

图5-15 引射比随高压气压力的变化　　图5-16 引射比随低压气压力的变化

第三节　喷射增压技术应用模式

鄂尔多斯盆地上古生界气藏具有低孔、低渗、非均质等特性,开发过程中地层压力下降不均衡,高压、低压井并存现象普遍。2007年以来,为了提高低压气井的开井时率,发挥低压气井的产能和产量贡献率,开展低压气井喷射增压研究和试验,共推广应用17套喷射增压装置,实现了44口低压间歇生产气井的增压连续稳定生产,取得了较好的应用效果。为解决低渗透、非均质性气藏开发过程中,局部低压气井增压生产探索出了新途径。

一、集气站多井喷射增压模式

1. 应用背景

长庆气田靖边气田、榆林气田、子洲—米脂气田采用多井高压集气工艺。气井井口采出的高压天然气,通过采气管线直接输入集气站,经过加热、节流、分离、脱水和计量后进入集气支线与干线,输送至天然气净化(处理)厂进行进一步处理。在高低压井并存的集气站,高压井需要节流降压后进入集输系统(系统压力 5~6MPa),低压气井进站压力接近系统集输压力,需要间歇关井,恢复压力后再开井生产,低压气井产能发挥受到限制。中高压集气模式下,开井一般需要配套注醇等工艺措施,防止井筒及地面形成水合物。频繁开关井增加气井管理难度和员工劳动强度。

2. 应用实例

1)集气站情况

榆 ac 站于 2003 年 10 月建成投产,现在共建井 23 口。站内主要设备有 3 台 8 井式天然气加热炉;3 台 DN600 的计量分离器和 1 台 DN1500 的生产分离器;处理量 $70 \times 10^4 m^3/d$ 的预过滤器和气液聚结器各 1 台。气井井口采出的高压天然气,经采气管线输入到站内,采用加热炉以提高节流前的天然气温度,防止节流后温度低而形成水化物堵塞。加热后的高压天然气经针阀节流后,压力降为 5.0MPa 左右,经计量总机关合理分配后进入生产分离器或计量分离器将天然气中的凝析油、污水和机械杂物等进行初步分离,再同时通过预过滤器和气液聚结器二级分离脱水后,经 $\phi273mm \times 8mm$ 的管线输送至处理厂。

2)设计参数确定

榆 ac 站所辖的 23 口气井中,8 口低压井进站压力接近系统集输压力,采用间歇生产制度,榆 dc-ab 等 5 口产能较好的气井,进站压力保持在 10~13MPa 左右,单井日产气量 $(4~6) \times 10^4 m^3$。选取高压井榆 dc-ab 井作为引射井,榆 de-ae、榆 de-ad 和榆 dd-ae 作为被引射井来气进行试验,该站各井生产数据如表 5-1 所示。

表 5-1 试验井生产数据表

井型	井号	生产时间(h)	油压(MPa)	套压(MPa)	进站压力(MPa)	日产气量($10^4 m^3$)	日产水(m^3)	备注
引射井	榆 dc-ab	24	14.2	14.6	13.9	6.8918	0.32	-
被引射井	榆 de-ae	8	5.8	10.0	4.90	0.5199	0.20	间开
	榆 de-ad		5.20	11.20	4.80	0.1457	0.17	间开

根据表 5-1 的数据,确定出天然气喷射装置的一次气设计来气压力为 12MPa,设计流量为 $5.5 \times 10^4 m^3/d$;二次气来气设计流量为 $1.2 \times 10^4 m^3/d$,设计压力 2.0MPa,工作压力为 1.0~5.0MPa。

3) 配套流程设计

利用高压井榆dc-ab井引射榆de-ae和榆de-ad两口低压井，根据现场流程及场地情况，该流程与试验井原生产流程并联，混合后经总机关进入生产分离器。总体布局如图5-17所示。

榆dc-ab来气经加热炉、节流阀及闸阀进入天然气喷射装置作为高压气源（一次流体），榆de-ae和榆de-ad的来气分别经过加热炉、节流阀、闸阀和流量计后进入天然气喷射装置作为低压气源（二次流体），混合气经过计量总机关，进入计量分离器或生产分离器等脱水、过滤后外输。

4) 变工况性能试验

为了验证喷射装置在气井运行参数发生变化条件下的引射性能，为运行过程中合理生产参数制定提供依据，投产初期在现场开展了试验，分别在不同高压气压力和低压气压力下进行试验，获得了相应的高压气流量、低压气流量、混合后的总流量和引射比，同时测量了混合腔中间位置处的压力变化。现场试验结果表明，在高压气进气压力为9~14MPa、低压气进气压力为1.22~5.10MPa的参数范围内，所引射的低压井气流量达到了（0.22~4.24）×$10^4 m^3/d$，天然气喷射装置的引射率在3%~93%。变工况试验数据见表5-2。

图5-17 集气站喷射增压工艺流程总体布局

表5-2 喷射装置工况性能试验数据表

高压压力 （MPa）	高压流量 （$10^4 m^3/d$）	低压压力 （MPa）	低压流量 （$10^4 m^3/d$）	混合腔压力 （MPa）	混合流量 （$10^4 m^3/d$）	引射比 （%）
9	3.82	4.10	1.26	4.90	5.08	33
		5.03	3.54	4.10	7.36	93
10	4.54	3.50	0.83	4.80	5.37	18
		4.00	2.17	4.20	6.71	48
		5.00	4.24	3.70	8.78	93
11	5.11	3.05	0.54	4.40	5.65	11
		3.95	2.76	3.60	7.86	54
		5.10	4.15	3.30	9.26	81

续表

高压压力 （MPa）	高压流量 （$10^4 m^3/d$）	低压压力 （MPa）	低压流量 （$10^4 m^3/d$）	混合腔压力 （MPa）	混合流量 （$10^4 m^3/d$）	引射比 （%）
12	5.73	2.50	0.60	3.60	6.33	10
		3.02	1.37	3.40	7.10	24
		4.02	2.85	3.10	8.58	50
		4.99	3.82	3.10	9.55	67
13	6.38	1.78	0.41	3.30	6.78	6
		2.01	0.77	3.00	7.15	12
		3.01	1.75	3.00	8.12	27
		4.01	2.68	2.40	9.06	42
		4.48	3.15	2.70	9.52	49
14	7.02	1.22	0.22	2.40	7.24	3
		1.58	0.39	2.20	7.41	6
		2.02	0.82	2.30	7.83	12
		3.00	1.78	2.10	8.79	25
		4.00	2.53	2.30	9.54	36
		4.50	2.96	2.60	9.98	42

5）生产运行试验效果

通过对2口低压气井喷射增压运行生产进行长期跟踪分析，验证了喷射增压工艺长期生产稳定性能。

（1）榆de-ae井。

榆de-ae井于2009年9月12日接入喷射装置生产，喷射引流试验前后生产情况对比见图5-18和表5-3。

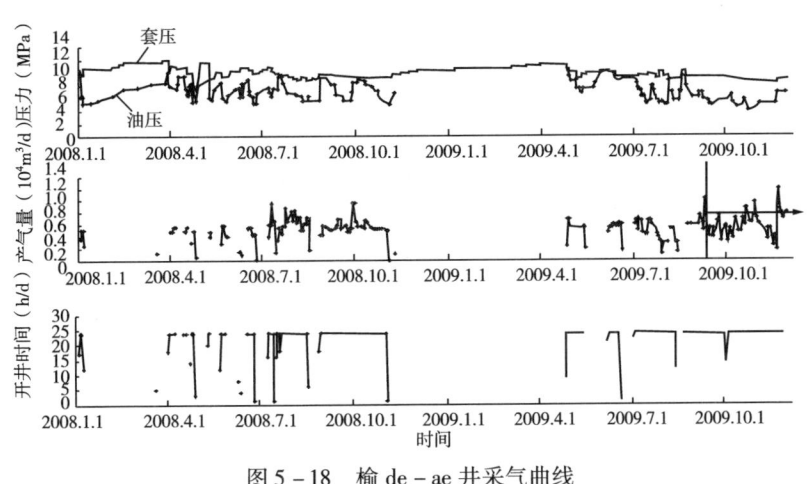

图5-18 榆de-ae井采气曲线

表5-3 榆de-ae井喷射引流试验前后生产情况对比表

对比	生产时间(h)	油压(MPa)	套压(MPa)	进站压力(MPa)	平均产气量($10^4 m^3/d$)
试验前（间歇生产）	24	6.40	9.80	5.30	0.1914
喷射引流（连续生产）	24	4.40	9.00	4.10	0.5584

榆de-ae井在2008年的全年开井时率为38.78%，2009年在9月12日之前的开井时率是34.92%，2009年9月12日后，榆de-ae井进入喷射引流生产，开井时率为99.04%，实现了连续生产。气井开井期间平均产气量由$0.5322 \times 10^4 m^3/d$提高到$0.5584 \times 10^4 m^3/d$。综合分析，应用喷射引流技术后，3个月内气井增产$40.7370 \times 10^4 m^3$。

（2）榆de-ad井

榆de-ad井于2009年9月6日接入喷射装置生产，喷射引流试验前后生产情况对比见图5-19和表5-4。

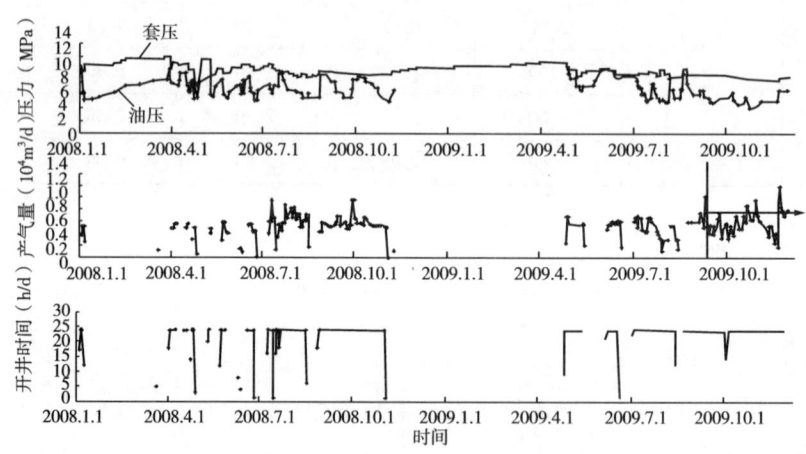

图5-19 榆de-ad井采气曲线

表5-4 榆de-ad井喷射引流试验前后生产情况对比表

对比	生产时间(h)	油压(MPa)	套压(MPa)	进站压力(MPa)	平均产气量($10^4 m^3/d$)
试验前（间歇生产）	24	6.40	11.00	5.20	0.0988
喷射引流（连续生产）	24	3.50	8.40	3.20	0.2651

榆de-ad井在2008年的全年开井时率为20.91%，2009年在9月12日之前的开井时率是33.74%，2009年9月12日后，榆de-ad井进入喷射引流生产，开井时率为88.35%，

实现了连续生产。开井期间平均产气量由 $0.2916 \times 10^4 \mathrm{m}^3/\mathrm{d}$ 调整为 $0.2651 \times 10^4 \mathrm{m}^3/\mathrm{d}$。综合分析，应用喷射引流技术后，3 个月内气井增产 $19.4571 \times 10^4 \mathrm{m}^3$。

二、丛式井组喷射增压模式

1. 应用背景

长庆鄂尔多斯盆地属于半干旱黄土高原和沙漠地带，生态脆弱、地貌复杂，特别是子洲、神木等气田，梁峁纵横、沟壑交错。从保护生产环境和降低工程建设成本考虑，部分区块采用丛式井组开发，气井采用了多井单管串接集气工艺。产能差异较大的气井，通过一条管线串接集输，气井之间存在干扰问题，低压气井产能基本无法发挥。前期解决此类矛盾的主要手段为气井轮流间歇关井生产。频繁开关井增加气井管理难度，和员工劳动强度。

2. 应用实例

1）试验站情况

洲 e 站于 2006 年 11 月建成投产，现共建井 10 口。集气站工艺流程概括为：高压集气、集中注醇、加热节流、生产分离、外输。天然气经过分离后进入西干线，最后进入米脂天然气处理厂，输至榆林天然气处理厂。集气站辖一个两井丛式井组，共用一条集输管线生产。

2）设计参数确定

洲 e 站喷射引流试验井选择的是丛式井组的米 dj-ad 井和米 dj-ac 井。两口井共用一条进站管线，由于气井压力干扰，两口井实行轮流生产制度。米 dj-ad 井较米 dj-ac 井产量高、生产平稳，能在产量 $1.5 \times 10^4 \mathrm{m}^3/\mathrm{d}$、油压 12MPa 下平稳生产。因此，选择米 dj-ad 井作为引射井引射米 dj-ac 井，实现两口井的同时生产（表 5-5）。

表 5-5　试验井生产数据表

井型	井号	生产时间 (h)	油压 (MPa)	套压 (MPa)	进站压力 (MPa)	产气量 ($10^4 \mathrm{m}^3/\mathrm{d}$)	产水量 (m^3/d)	备注
引射井	米 dj-ad	24	10.55	11	9.28	1.56	0.63	
被引射井	米 dj-ac		6.2	7.7	6.1	1.18	0.25	间开

根据喷射引流气井的历年生产情况，确定出天然气喷射装置的一次气设计来气压力为 11MPa，设计流量为 $1.5 \times 10^4 \mathrm{m}^3/\mathrm{d}$；二次气来气设计流量为 $0.5 \times 10^4 \mathrm{m}^3/\mathrm{d}$，设计压力 3.0MPa，工作压力为 1.0~5.0MPa。

3）配套流程设计

丛式井组喷射增压工艺利用米 dj-ad 井作为引射井，米 dj-ac 为被引射，通过喷射装置实现两口井同时生产。米 dj-ad 井天然气从井口出来后进入喷射装置作为高压气源，米 dj-ac 井从井口出来后进入喷射装置作为低压气源，通过喷射装置增压混合后，进入一条进站集输管线输往洲 e 站。

丛式井组喷射引流工艺流程如图 5-20 所示。

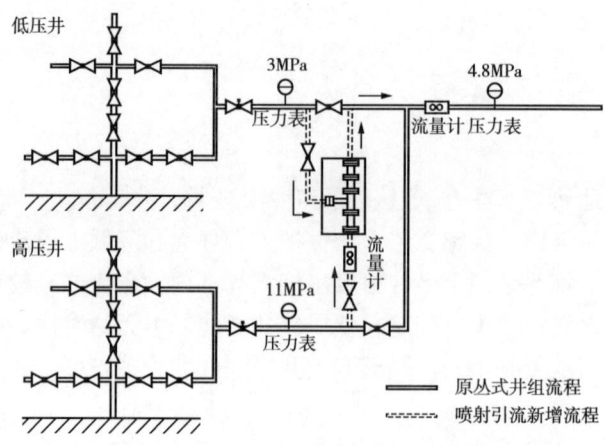

图 5-20　丛式井组喷射引流工艺流程

4）生产运行试验效果

未采用喷射引流工艺之前，米 dj-ad 井和米 dj-ac 井实行轮流生产制度。2009 年全年两口井累计生产气量为 $403.5614\times10^4\text{m}^3$，平均开井时率为 40.62%；2010 年投运之前两口井累计生产气量为 $260.5175\times10^4\text{m}^3$，平均开井时率为 38.68%。从 2010 年 7 月 14 日喷射装置投产至 2011 年 2 月 25 日，两口井实现了同时生产，累计生产气量为 $364.5663\times10^4\text{m}^3$，平均开井时率为 74.67%，累计增产气量为 $94.9130\times10^4\text{m}^3$。

三、压缩机—喷射二级增压模式

1. 应用背景

增压稳产是气田开发的一个必经阶段，压缩机增压是目前主要的增压工艺。对于开发井网一次成网气田，增压初期，压缩机规模与产能匹配，但随着气田的开发，气井的产能不断降低，压缩机处于低负荷运行，给压缩机的寿命和平稳运行带来了挑战，不得已的措施是将压缩机压缩后的高压天然气重新导入压缩机，以增加压缩机工作负荷，存在能量的浪费。另外对于低渗气田，由于储层非均值性强，连通性差，气井的进站压力差异比较大，部分高压井以及部分气井短期关井后压力回升，需要节流后进入压缩机增压，压缩机整体增压效率低，气井能量没有得到充分利用。

靖边气田于 2004 年进入自然稳产期，为了配合增压稳产的到来，先期开展压缩机增压试验。靖边气田集气站外输压力为 5.2MPa，设计压缩机入口压力为 2.0MPa。通过对多个已投产的增压站的运行分析，主要存在两个方面的不足。

（1）部分高压气井能量没有充分利用。

集气站普遍存在高低压井同时生产的现象，部分低压井关井后压力回升高于压缩机入口压力，需要节流降压后再进压缩机增压外输，以满足压缩机对处理气量的要求。以南 X 站为例，压缩机系统入口压力为 2~3MPa，部分高压井的进站压力为 6.8~10MPa，需要先节流降压后再进入压缩机增压，高压井能量没有得到充分的利用（图 5-22）。

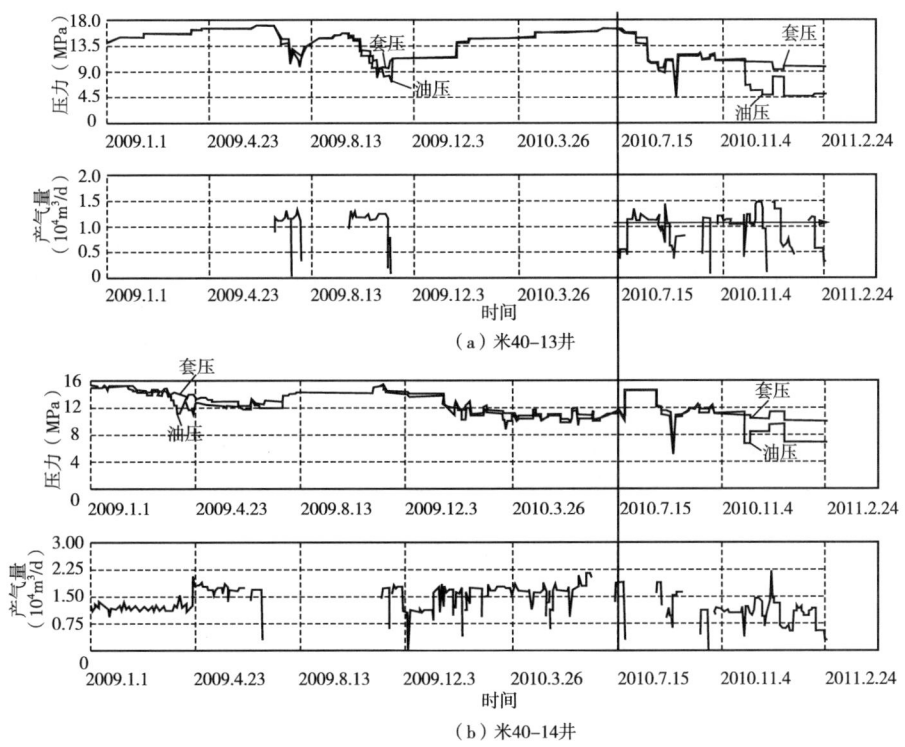

图 5-21 丛式井组喷射装置应用前后生产情况对比

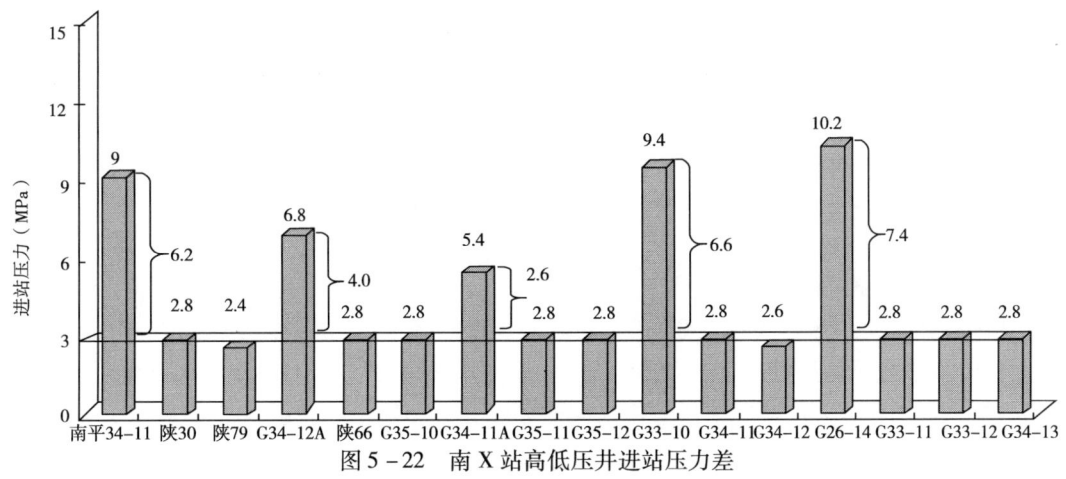

图 5-22 南 X 站高低压井进站压力差

(2) 压缩机低载荷运行长期存在。

压缩机组最低进气压力为 1.4MPa，排气压力为 5.8MPa。投产初期，对 9 口老井实施增压，6 口新井没有接入压缩机，压缩机处理气量为 $22.5 \times 10^4 m^3/d$。由于气量不足，压缩机长期处于低载荷运行，后将 6 口新井节流后接入压缩机，处理气量增加到 $28 \times 10^4 m^3/d$，同时将压缩缸做功变为双程单作用，压缩机运行载荷约为 50%，仍略低于合理运行载荷。

由于压缩机长期低负荷运行，压缩机故障率偏高，从 2006 年投运以来，平均每年发生 10 次运行故障，气井的平稳生产受到了影响。

2. 配套流程设计

喷射增压可以充分利用高压气源的能量,实现低压气井增压,与压缩机组合应用,可以明显提高增压站的能量利用效率。

1) 喷射增压的高压气源

喷射增压必须具有高压工作气体,高压是相对喷射器出口压力而言,通过将喷射器出口与压缩机入口连通。喷射器出口压力为 2~3MPa,所以作为喷射增压的高压气源有两个来源:一是压缩机增压后的 5.6MPa 气流;二是部分高压气井以及其他原因关井后压力恢复气井。

2) 组合增压工艺流程

图 5-23 为喷射器和压缩机组合增压工艺流程示意图,流程可以实现所有气井通过节流针阀直接进入压缩机增压,同时可以选择 1 口或多口高压气井或压缩机增压后气流作为喷射器高压气源,选择 1 口或多口低压气井作为喷射器低压气源,经喷射器后汇入压缩机。

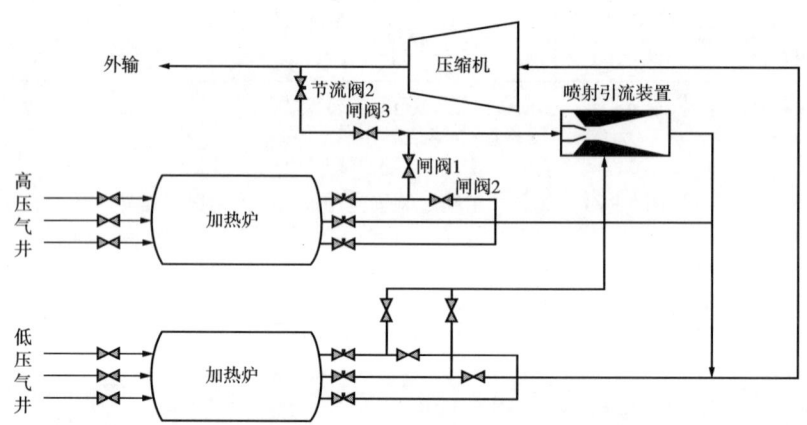

图 5-23 压缩机喷射二级增压工艺流程示意图

3) 喷射增压模拟分析

压缩机设计进口压力为 2.0MPa,应用喷射装置以后,在低压进站压力 1.5MPa,装置的引射比近 100%,即利用 $5 \times 10^4 m^3/d$ 的 5.0MPa 高压气,可以引射 $5 \times 10^4 m^3/d$ 的 1.5MPa 的低压气到 2.0MPa 进入压缩机增压集输,按低压气井单井 $0.5 \times 10^4 m^3/d$,可以引射 8~10 口低压井到 1.5MPa。可以将 4 口低压气井引射到 1.3MPa。可以降低被引射井的井口压力,提高气井最终采收率。

4) 预期效果分析

通过以上 3 个方面的分析可以看出,靖边气田可以实现喷射器和压缩机的组合应用,能够有效提高增压站的能量利用效率,具有良好的经济和社会效益,具体表现为:(1) 对高压井节流浪费的部分能量进行利用,提升能量利用效率;(2) 进一步降低被引射的低压井井口压力,可提高最终采收率;(3) 减少压缩机低载荷运行时间,延长寿命,降低维护成本。

四、集气站放空气回收模式

1. 应用背景

气田开发过程中,天然气放空不可避免,尽管放空的天然气都进行了点燃,对环境的污染降到了最低,但资源没有得到充分的利用,回收集气站内放空点燃的天然气是各大气田面临的一项难题。集气站放空的主要原因:一是站内检修以及设备维修和更换。集气站每年都要检修一次,需要关闭气井井口闸阀和站内外输闸阀,点燃放空管线中的天然气,使站内和地面管线压力从 5MPa 左右降为零,然后进行氮气置换,完成后进行其他相关操作。设备维修动火也需要相似的操作,同样需要放空管线内的天然气。二是水合物堵塞天然气管道,部分井需要放空解堵。以某气田为例,每次放空管线压力需要从系统压力 5.3MPa 放到 0,冬季平均月放空天然气 $92 \times 10^4 \ m^3$。

2. 配套流程设计

利用集气站高压高产气井作为引射气源,将集气站进站放空总机关接入喷射装置被引射端。图 5-24 为设计的回收放空天然气的生产流程。当单井集输管线需要放空天然气时,关闭该井的进加热炉前的闸阀,打开进入喷射流程的闸阀;其他管线也可以同时打开进入喷射流程的闸阀。

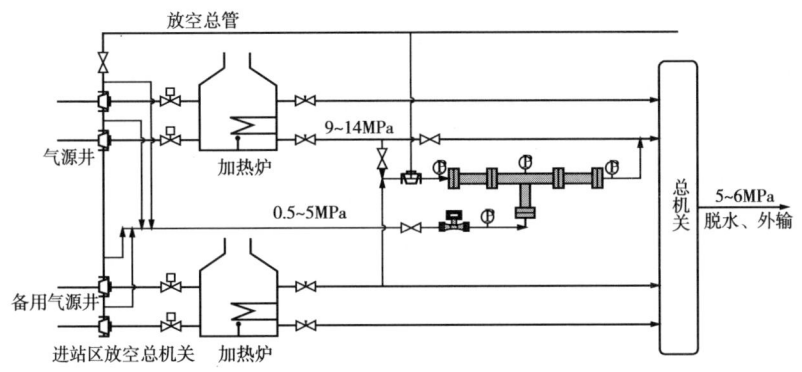

图 5-24 集气站放空天然气喷射回收工艺流程示意图

应用实例:靖边气田气井陕×,地面管线规格为 $\phi 76mm \times 8 \ mm$,从井口到集气站管线总长为 5.73km,外输系统压力为 5.3MPa,该井需要放空作业。按照图 5-24 所示流程,将放空管线接入喷射系统后,管线压力与时间的关系曲线如图 5-25 所示。

从图 5-25 可以看出,管线压力先急剧下降,后逐渐平缓,这主要与喷射装置性能有关,即喷射装置低压入口压力越高,瞬时吸入气量越大。试验表明,经过 60min,管线压力从 5.3MPa 降低至 1.2MPa,放空天然气回收率 77.4%。

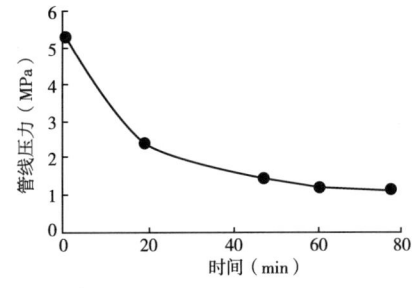

图 5-25 管线内压力随时间变化关系

五、喷射增压排除井筒积液模式

利用喷射增压工艺可以显著降低井口油压、增加气井瞬时气量的特性，可以用来排除井筒积液。将有积液的气井，定期倒入喷射增压流程，提高气井瞬时气量，实现排除井筒积液的目的，气井排除井筒积液后，改为原流程正常生产。

试验选取低压井榆 X 井。该井由于能量不足，生产一段时间后，产量下降，无法满足气井携液要求，油压逐渐下降，套压变化不大，油套压差逐渐拉大。试验前，套压为 7.28MPa，油压为 3.2MPa，油套压差达到 4.08MPa，现场判断为井筒积液。

图 5-26 为利用喷射技术排除井筒积液过程曲线，可以看出，当采用喷射生产时，瞬时气量由 $0.75 \times 10^4 m^3/d$ 迅速增加到 $1.73 \times 10^4 m^3/d$；套压缓慢下降，油压先下降后又快速上升，井筒内的积液开始排出，油套压和产气量逐渐稳定。排液过程持续了 1.5h，油套压差由试验前的 3.78MPa 缩小为 1.15MPa，累计产液近 $1.1 m^3$，排液后气井生产稳定。

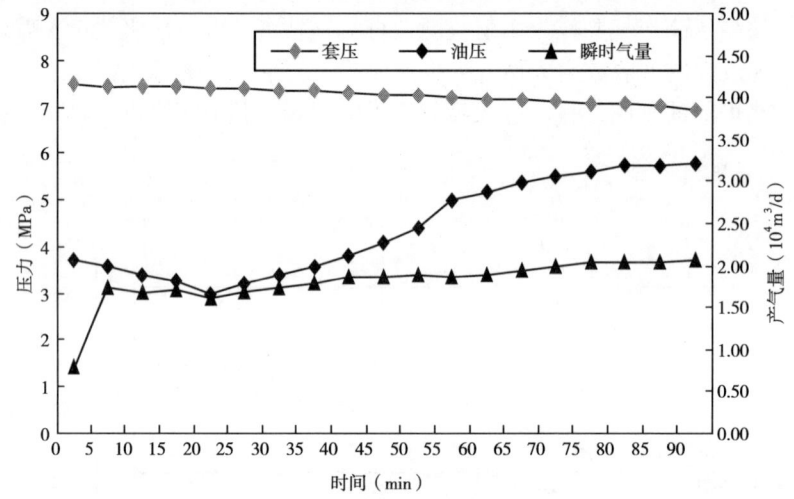

图 5-26　排液过程中油套压变化趋势图

参 考 文 献

[1] 刘宝和. 中国石油勘探开发百科全书（工程卷）[M]. 北京：石油工业出版社，2008.

[2] 金忠臣，杨川东，张守良，等. 采气工程 [M]. 北京：石油工业出版社，2004.

[3] 张义贵. 用气体喷射器压缩天然气 [J]. 华北石油设计，1989，5（4）：52-57.

[4] 张书平，刘双全，陈德见，等. 天然气喷射引流技术在靖边气田的应用试验 [J]. 新疆石油天然气，2008，4（增刊）：113-119.

[5] 吴革生，刘双全，张振红，等. 天然气喷射引流装置变工况性能试验 [J]. 天然气工业，2009，29（10）：83-85.

[6] 刘双全，吴革生，陈德见，等. 低压天然气井高效开采喷射引流技术 [J]. 油气田地面工程，2009，28（11）：29-30.

第六章　智能控制生产技术

根据苏里格气田的地质条件，随着产建规模的增大，开发生产井越来越多，为有效管理好上万平方千米面积内的数千口井，降低操作成本、提高工作效率、提高生产安全性、保护草原生态环境、建设和谐气田，在大量攻关研究和积极探索试验的基础上，形成了苏里格气田智能控制生产技术。

第一节　技术背景

为适应苏里格气田的生产开发需求，解决苏里格气田井数多，多井串接后难以确定各井运行参数的问题，减少巡井工作量，提高工作效率，需将各单井的井口温度、压力和流量数据，采用无线传输方式传输到集气站，同时上传调度中心，为井口巡查提供可靠数据，达到减员增效，保证气井正常生产，提高气井生产本质安全，降低安全风险。

苏里格气田采用井下节流工艺后，井底与地面采气管线为两个压力系统，采气管线设计为中压。一旦井下节流装置失效，井口即为高压（初期约22MPa），远高于采气管线设计压力（6.3MPa），这样就存在很大的安全隐患。为配合井下节流和地面中低压集气流程安全运行，需研发远程开关井控制技术，当采气管线破裂或者井口超压时，可及时切断气流，保证生产运行安全平稳。

综上所述，针对苏里格气田开发对配套技术和管理方法提出的新要求，需研究以井口数据采集无线传输技术和远程开关井控制技术为核心的智能控制生产技术，实现气井生产管理的自动化、数字化、智能化。

第二节　井口数据采集无线传输技术

一、井口数据采集及无线传输内容、方式、方案及系统组成

井口数据采集及无线传输总体思路是在井口安装数据采集及监控设备，利用无线通信技术，将数据采集及监控设备的信息传输到集气站，并由集气站或相关部门向井口设备发送控制指令，从而实现气井生产数据自动录取、实时监测、异常报警、远程开关井等功能。

气井井口数据采集及无线传输系统示意图如图6-1所示。

1. 数据采集及传输内容

采集井口油压、套压、流量计信息（压力、温度、瞬时产气量、累计产气量）。

图6-1　气井井口数据采集及无线传输系统示意图

2. 井口数据远程无线传输方式

井口数据远程无线传输方式采用短波技术和超短波技术。

苏里格气田地貌为毛乌素沙漠腹地风沙地貌，地表为沙漠、草地，地形相对平缓，高差20m左右。由于超短波无法越过障碍物，所以在地势平缓的地方用超短波传输方式，在地势落差大的地方采用短波传输方式。

3. 井口数据采集及无线传输方案

由安装在井口各相应部位的传感器实现井口压力、温度和流量数据的实时采集，采集到的信号传送到井场的数据采集电路处理，并通过无线电台远程传输到集气站。

站内电台接收各井发来的信号，送到主控机进行处理。主控机对接收到的数据进行自动分析，当判断生产数据异常时，可通过语音进行报警。配套的系统软件对所采集的数据自动进行后期处理，为工作人员提供详实的现场数据显示、查询和多种报表输出的功能。

井口系统通过太阳能供电系统提供电源。

井口到集气站采用无线传输，集气站到作业区、厂部、指挥中心等采用光缆传输。

井口数据远程无线传输如图6-2所示。

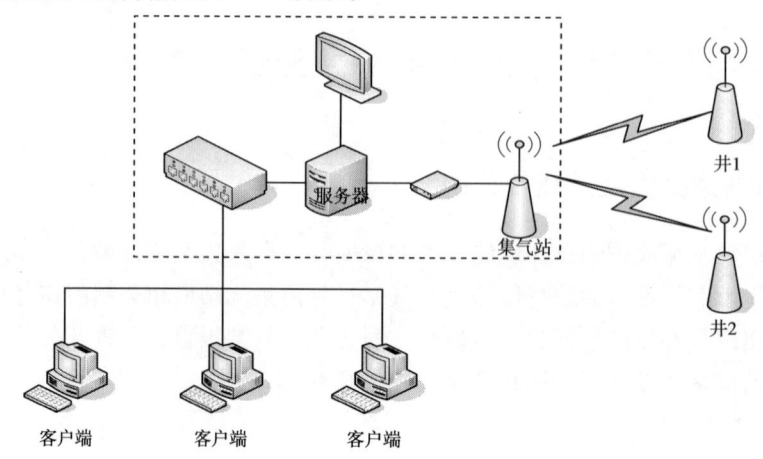

图6-2　井口数据远程无线传输示意图

主要系统设备及工作电路设计如图 6-3~图 6-5 所示。

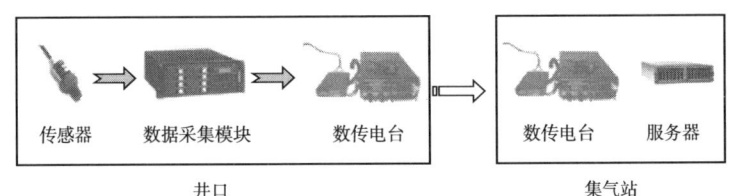

图 6-3 主要系统设备示意图

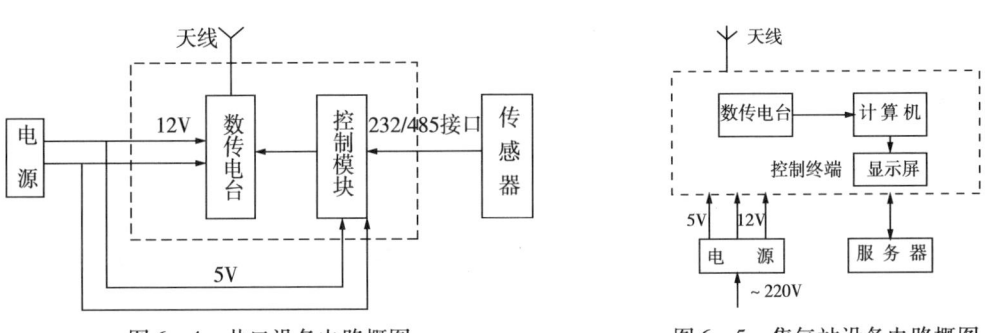

图 6-4 井口设备电路概图　　　图 6-5 集气站设备电路概图

远程无线传输采取 3 种工作方式，即点对点、轮询、通播。点对点用于井口采集点向集气站发射数据，轮询和通播用于集气站向井口查询数据。

4. 系统组成

本系统主要包括硬件和软件两部分。硬件部分由井口设备、站内设备两大部分组成。

1）井口设备

井口设备包括压力变送器、流量计、RTU、数传电台、太阳能供电系统、天线等。

(1) 压力变送器。

包括油压变送器和套压变送器。压力变送器为成熟技术，有多种产品可供选择。

(2) 流量计。

苏里格气田通过大量的流量计现场比对试验，选用旋进旋涡流量计对单井气量进行连续带液计量。可显示瞬时工况流量和累计工况流量，根据运行压力、温度，可将工况流量换算为标况流量。

利用旋进旋涡流量计的信号输出功能可以实现瞬时流量、累计流量及相应温度和压力数据的自动采集与传输。

(3) RTU。

RTU（Remote Terminal Unit）是一种远端测控单元装置，负责对现场信号、工业设备进行监测和控制。它具有优良的通信能力和较大的存储容量，适用于各种恶劣工作环境，提供强大的现场数据采集、运算、通信和控制功能。可用于数字量、模拟量采集，DI/DO 控制，也可以用作通信管理机和规约转换器。

一个 RTU 可以有几个、几十个或几百个 I/O 点，可以放置在测量点附近现场。RTU 应该至少具备以下两种功能，即数据采集及处理、数据传输（网络通信）。当然许多 RTU 还具备 PID 控制功能或逻辑控制功能、流量累计功能等。

RTU 作为体现"测控分散、管理集中"思路的产品从 20 世纪 80 年代起介绍到中国并迅速得到广泛的应用，它在提高信号传输可靠性、减轻主机负担、减少信号电缆用量、节省安装费用等方面的优点也得到了用户肯定。

井口数据自动采集、无线传输系统采用 RTU 接收井口传感器信息并进行处理，通过数传电台进行远程传输。

（4）数传电台。

采用数传电台向站内发送采集的数据或接收站内发出的指令。

（5）太阳能供电系统。

包括太阳能电池和蓄电池。有阳光照射时太阳能电池向整个井口系统供电并给蓄电池充电，无光照时蓄电池带动系统工作。

2）站内设备

站内设备包括数传电台、全向天线、主控机等。

站内的数传电台通过全向天线接收井口发来的数据或将主控机的指令发往井口。主控机存储、分析并处理数据，实现系统设计的报警及资料输出等各种功能。

3）系统软件

包括站内主控机操作系统、组态软件工具、数据采集软件等。

软件功能包括：数据显示与存储、异常报警、多种报表生成等功能。

（1）系统运行环境。

①硬件平台。

工作站：PC P4 及以上处理器，内存 256M、硬盘 40G 或以上。

②软件平台。

数据库管理系统：SQL Server 2000。

工作站操作系统：Windows 2003/2000/XP，Windows95/98。

（2）程序设计的基本思路。

数据采集软件采集到数据后，加以分析、处理，完成数据显示、查询、报表输出等功能，存入服务器数据库，进入局域网，经过 Web 服务，提供给生产管理部门。

二、数据采集及传输设备参数及安装

1. 数据采集及传输设备参数

（1）压力变送器。

油压变送器和套压变送器取同一型号。量程按苏里格气田井口最大压力 25MPa 考虑，根据常见压力变送器规格确定。

量程：0~40MPa；精度：0.25 级；供电电压：DC 12V。

（2）流量计。

根据苏里格气田中低压集气流程压力等级、一般气井产气量范围确定参数。

量程：10~150m^3/h（工况）；精度等级：1.5 级；压力等级：6.3MPa；供电电压：DC 12V。

(3) 井口 RTU。

通常采集传输的数据信息有油压、套压、流量计信息、远程控制开关井信息、电子巡井系统信息等，井口 RTU 必须有足够的数据通道和接口。

数据通道：不低于 8 路通道；通信接口：提供 RS485 接口；供电电压：DC 12V。

(4) 数传电台。

数传电台在本系统中是"耗电大户"，应根据现场发射距离等因素，在够用的情况下尽量采用小功率，其功率要求在一定范围内可调。同时，从低成本出发，选择传输速率较低的电台。

功率：1~10W 之间可调；直视信号可靠传输距离：不低于 20km；数据传输速率：不低于 2400bit/s。

(5) 太阳能供电系统。

太阳能电池板电压：15V；太阳能电池板功率：60W；蓄电池电压：12V；蓄电池容量：不小于 65Ah。

根据数据采集系统工作方式及设备，对太阳能供电系统供电能力校核见表 6-1。

由表 6-1 可知，太阳能供电系统完全可以满足数据采集系统工作要求。在正常日照情况下，太阳能电池板和蓄电池均有有较多的富裕量，目的是应对连续阴雨天气。根据有关资料，苏里格地区连续阴雨天气一般为 3 天，极少数情况为 7 天，选用 65Ah 蓄电池，在晴天利用太阳能电池板富裕量使其保持充满状态，可以满足连续 10 天阴雨天需要。

表 6-1 太阳能供电系统供电能力校核

用电设备	电流（mA）	电压（V）	功率（W）	工作情况	全天功耗（W·h）
油压变送器	20	12	0.24	全天	5.76
套压变送器	20	12	0.24	全天	5.76
流量计	40	12	0.48	全天	11.52
电台（待机）		12	0.5	每 5s 工作一次，每次工作 1s，每天待机时间约 20h	10.00
电台（传输）		12	10	每 5s 工作一次，每次工作 1s，每天工作时间约 4h	40.00
RTU		12	0.1	全天	2.40
合计			1.56/11.06		75.44
按日照 5.66h 电池板所需功率（W）					26.66
非日照时间 18.34h 内蓄电池工作所需容量（Ah）					4.80
按阴雨天连续供电 10 天计算蓄电池容量（Ah）					62.87
电池板为 65Ah 蓄电池充电所需功率（W）					58.56812721

2. 设备安装

（1）压力变送器分别安装在油压表、套压表部位。

（2）流量计安装在远控阀后面。

（3）在井场安装电杆，RTU、数传电台、太阳能电池、蓄电池、天线等安装在电杆上。

（4）站内天线安装在值班室房顶，数传电台、主控机安装在值班室。

第三节　远程开关井控制技术

为了配合井下节流、地面中低压集气流程安全运行，以井口数据采集、无线传输技术平台为基础，开展了井口紧急截断装置研发，形成了远程开关井技术。其中远控机械阀和远控电磁阀是该技术的核心。

一、远控机械阀技术

远控机械阀是依靠氮气或电机来拖动截止阀或低扭矩球阀实现阀门快速开闭的机械式安全截断装置。当管线出现压力异常（超压或欠压）状态时，该阀门可迅速完成对管线中流体的紧急截断，并可实现远程控制关井及低压生产阶段远程控制开井。

1. 远程机械阀结构及工作原理

1）远控机械阀结构

YKJD 远控机械阀主要由阀瓣、弹簧、阀杆、切断气缸、复位气缸、提升气缸、传感器、推杆、平衡杆、平衡块、控制杆、齿轮、齿条等部件组成。如图 6-6 所示。

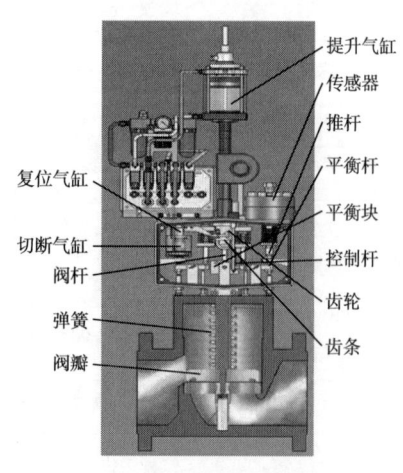

图 6-6　YKJD 远控机械阀结构图

2）远控机械阀工作原理

（1）超压保护。

①管线压力超过设定值时，传感器推杆向下运动。

②平衡杆拨动平衡块旋转，释放控制杆，使齿条等构件失去支撑。

③阀体内的回座弹簧力推动阀瓣切断管线气流，起到超压保护作用。

（2）欠压保护。

①管线压力低于设定值时，传感器推杆在弹簧作用下向上运动。

②平衡杆拨动平衡块旋转，释放控制杆，使齿条等构件失去支撑。

③阀体内的回座弹簧力推动阀瓣切断管线气流，起到欠压保护作用。

（3）远控开关井。

①集气站计算机发出开关井指令，无线传输到井口接收系统。

②接收电路发送脉冲电信号给开关井装置，电磁阀工作控制氮气源。

③关闭：切断气缸气路接通，活塞下行通过挺杆使平衡杆旋转，后续机构动作（同超

压保护），实现关闭。

④开启：提升气缸接通，活塞上行提升阀杆实现开启。随后复位气缸工作，通过复位活塞杆带动提升跷板等动作，使控制杆嵌入平衡块挂钩内，控制阀杆在开启状态。

2. 远程机械阀技术参数

远控机械阀主要技术参数取值如下：最高工作压力为25MPa；超压截断压力为3.0～6.0MPa，自行设定；欠压截断压力为0.1～1.0MPa，自行设定；远程开启压力为上游压力不大于6MPa；远程关井压力为在装置工作压力范围内，任意压力下可关闭；供电电压为DC 12V。

1）超压保护压力

远控机械阀超（欠）压保护压力主要根据集气流程特点确定。

当地面管线设计压力为6.3MPa、站内系统设计压力为4.0MPa时，超压截断压力一般设定为4.4MPa左右。根据集气管线规格及长度、产气量大小、集气站外输方式等不同，各井井口回压可能有较大差异，需根据实际情况设定超压截断压力。

2）欠压保护压力

欠压保护主要是防止管线破损时天然气大量外泄，欠压保护压力应根据气井产量、管线规格等合理设定。

管线破损后，由于井下节流仍起作用，最大泄漏量只能达到井的产量。假设管线在1km处破裂造成天然气喷出，出口压力0.1MPa，井口压力计算见表6-2。

表6-2 管线破损后不同产气量井口回压

产气量（$10^4 m^3/d$）	井口至破损点管线长度（km）	管线规格（外径×壁厚）（mm）	井口回压（MPa）
1	1	60×3.5	0.28
2	1	60×3.5	0.51
3	1	76×3.5	0.39
4	1	76×3.5	0.51

由表6-2可以看出，如果欠压保护压力设定为0.3 MPa，则只能对产气量$1\times10^4 m^3/d$的情况起到保护作用，而对后3种情况不能有效保护。实际上，高压生产阶段，进站压力一般在1MPa以上，井口油压也大于1MPa，欠压保护压力可以设定得大一点，例如设定为0.6MPa，就可对以上4种情况起到保护作用。

3）远程开启压力

气井生产初期，关井后井口油压可达到20MPa左右，高压下直接开启远控机械阀，会导致管线超压。因此，高压生产阶段，必须人工通过井口针阀控制开井。远程控制自动开井时远控机械阀上游压力应在管线压力等级允许的范围内。

4）远程关井压力

远程关井压力从结构及工作原理上说，在装置工作压力（25MPa）范围内，可实现任意压力下关闭。但实际上高于超压截断压力时，机械保护功能会自动使其关闭，远程关井只在超压截断压力以下起作用。

3. 现场应用情况

截至 2011 年 12 月底，远控机械阀在苏里格气田累计应用 3000 余口井，其现场工况适应性良好，超欠压保护切实有效，可远程实现自动开关井，对井口安全生产提供了保障，降低了员工劳动强度，满足了现场生产管理实际需要（图 6-7）。

图 6-7 远控机械阀现场应用

二、远控电磁阀技术

经积极攻关试验，创新性地提出了一种气井井口远控电磁阀，其体积小，结构新，可取代进口产品，并拥有自主知识产权。其利用井场太阳能直流供电，不依赖外来气源，由微弱电磁力控制卸压孔开闭，靠阀芯内外压差实现阀门开关，并可自锁实现状态自保持。通过配套研发的无线远程传输和控制系统，可实现超欠压自动保护和远程开关井，从而代替人工开关井方式，保证了安全生产，保护了生态环境，有效解决了气井生产管理难题。

1. 远控电磁阀工作原理

1) 设计要求

结合目前苏里格气田现场情况，确定气井井口远控电磁阀采用井口现有的 12V 太阳能直流电源供电。该阀需设计为机械式自保持型电磁阀，只需瞬间通电即完成阀门开关动作，阀芯位置不需电来保持，以避免长期带电给气井生产带来的安全隐患。根据苏里格气田井口现状，确定气井井口电磁阀设计要求为：（1）动作时间小于 1s；（2）耐高压 25MPa；（3）电磁阀功率 30W，每次供电 1~5s。

2) 远控电磁阀结构

气井井口远程控制电磁阀主要包括以下五部分：阀体、阀盖、主阀芯、压力弹簧、电磁头，如图 6-8 所示。

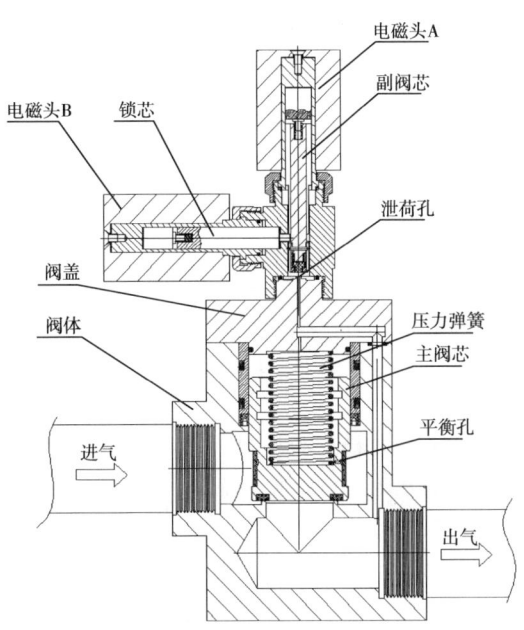

图 6-8 远控电磁阀结构示意图

3）远控电磁阀工作原理

远程控制电磁阀通过控制阀盖上的泄荷孔开启及闭合，实现对电磁阀的先导式控制。

（1）开启阀门。

阀门开启的指令有两种来源方式：①通过站控软件发布开阀指令；②在井场通过手动电磁阀开关盒发布开阀指令。

如图 6-9 所示，阀门处于关闭状态时，阀腔与上游进气口连通，阀芯密封面与出气口紧密贴合，弹簧 2 处于压缩状态，泄荷孔关闭。收到开阀指令后，电磁阀动作如下：

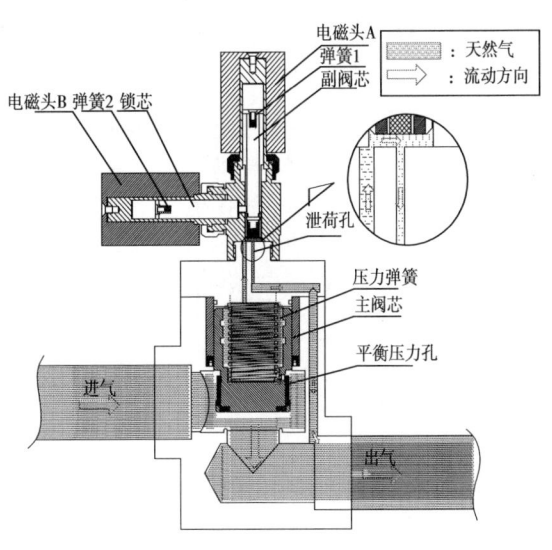

图 6-9 电磁阀开启示意图

①收到控制指令后，电磁头 A 通电。
②在电磁力的作用下，副阀芯被提起，弹簧 1 被压缩。
③锁芯在弹簧 2 的压力作用下伸出，其端部卡在副阀芯的环形槽内，将副阀芯锁住。
④泄荷孔被打开，阀芯腔和下游低压连通，压力泄掉。上游压力大于阀芯腔压力，高压推动阀芯上的受力台阶使阀芯向上移动，从而打开阀。
⑤控制软件发出指令，使电磁头 1 断电。
（2）关闭阀门。

阀门关闭的指令有 3 种来源方式：①通过站控软件发布关阀指令；②在井场通过手动电磁阀开关盒发布关阀指令；③井口压力异常时超（欠）压保护系统自动发布关阀指令。

如图 6-10 所示，阀门处于开启状态时，进气口、阀腔和出气口三者连通，弹簧 1 处于压缩状态，泄荷孔打开。收到关阀指令后，电磁阀动作如下：

①电磁头 2 通电。
②在电磁力的作用下，电磁头 2 吸取锁芯，弹簧 2 被压缩。
③副阀芯在弹簧 1 的压力作用下伸出，将泄荷孔堵住。
④上游压力通过平衡压力孔进入阀芯腔，阀芯在压力弹簧弹力作用下伸出关闭阀腔，上游压力越高，阀芯被压得越紧。
⑤控制软件发出指令，使电磁头 B 断电。

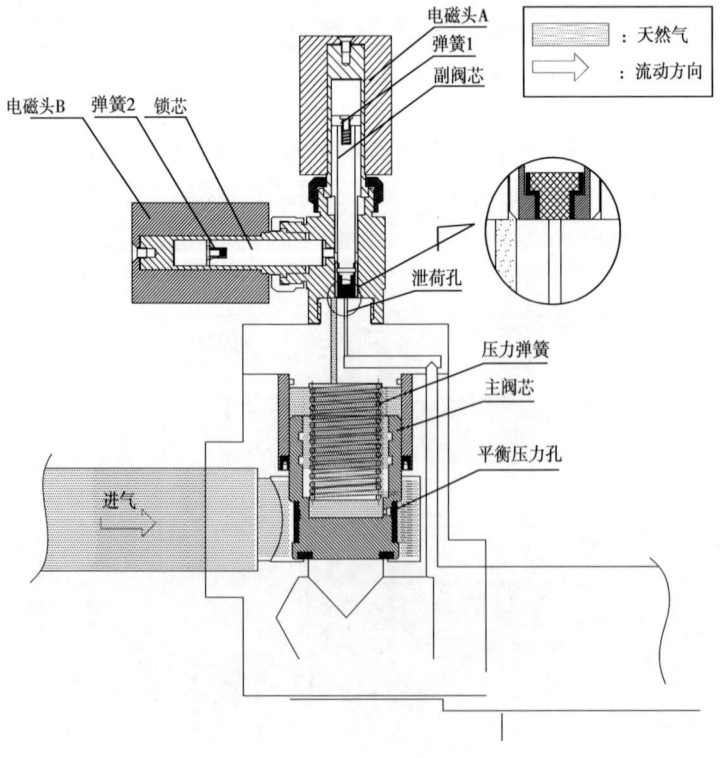

图 6-10 电磁阀关闭示意图

2. 远控电磁阀技术参数

远程控制电磁阀技术参数见表6–3。

表6–3 气井井口远控电磁阀技术参数

型号	SDCKCB–50/26
工作电压（V）	DC12
超压保护压力（MPa）	3.5~6.0（用户自设）
欠压保护压力（MPa）	0.5~2（用户自设）
工作压力（MPa）	≤26
温度范围（℃）	–40~50
长度（mm）	355
出入口高差（mm）	48
通径（mm）	DN50
连接法兰	DN50–PN26 RJ GB/T 9115.4–2000

3. 现场应用情况

截至2011年12月底，远程控制电磁阀在苏里格气田推广应用763套，从应用情况来看，产品对现场工况适应性良好，超欠压保护功能切实有效，远程开关井控制灵活，能够满足现场生产管理实际需要。并且其结构设计具有以下优点：（1）设计巧妙，设备小，阀动作部件少，出问题环节少；（2）阀动作不需外来气源；（3）可在任意压力下打开；（4）结构简单紧凑，安装方便，成本低。

（a） （b）

图6–11 远程控制电磁阀现场应用

通过现场应用，远控电磁阀大幅度地提高了气田管理水平，保证了气井安全生产。原先需要到气井井口完成的关井操作，目前在计算机前轻松实现，极大地降低了一线工作人员的劳动强度，为气田管理自动化提供了技术保证。

参 考 文 献

[1] 郭梯云,刘增基,王新梅,等.数据传输[M].北京:人民邮电出版社出版,1998.
[2] 工业和信息化部无线电管理局.中华人民共和国无线电频率划分规定[M].北京:人民邮电出版社,2010.
[3] GB/T 16611—1996 数传电台通用规范[S].
[4] 朱龙根.简明机械零件设计手册.[M].2版.北京:机械工业出版社,2005.
[5] 陆培文.阀门选用手册[M].北京:机械工业出版社,2002.
[6] 沈阳阀门研究所.国外阀门科技论文选编[C].辽宁:沈阳阀门研究所,2008.
[7] 唐丹蓉.电磁阀在石油化工装置安全联锁保护过程中的设计和应用[J].石油化工自动化,2003(4):12-15.
[8] 张华莎.安全仪表系统逻辑设计浅谈[M].石油化工自动化,2003(4):3-7.